用WPS
让PPT飞起来

工作型PPT设计
从入门到精通

徐靳 ◎ 著

北京大学出版社

PEKING UNIVERSITY PRESS

内 容 提 要

　　随着国家积极推进软件正版化工作，越来越多的职场人（比如国家行政机关、企事业单位的员工）使用的办公软件由Office三件套转为金山WPS，那么，使用Office旗下的PowerPoint制作PPT和使用金山WPS演示制作PPT有什么不同，在实际工作中又该如何取舍和使用呢？

　　本书通盘考虑了使用PowerPoint和WPS演示在制作PPT方面的优劣，系统、全面地讲解了职场PPT的制作方法。全书包括四个部分，分别为效率与速度、内容与版式、素材与效果、图表与联动，内容安排由浅入深、写作语言通俗易懂、实战案例丰富多样，对每个操作步骤的介绍都清晰准确，特别适合广大职场人、PPT设计者作为学习参考用书，同时也适合作为广大职业院校、计算机技能培训学校相关专业的教材用书。

图书在版编目(CIP)数据

　　用WPS让PPT飞起来：工作型PPT设计从入门到精通/徐靳著. —北京：北京大学出版社，2023.8
　　ISBN 978-7-301-34215-2

　　Ⅰ. ①用… Ⅱ. ①徐… Ⅲ. ①办公自动化—应用软件 Ⅳ. ①TP317.1

　　中国国家版本馆CIP数据核字(2023)第130073号

书　　　　名	用WPS让PPT飞起来：工作型PPT设计从入门到精通
	YONG WPS RANG PPT FEI QILAI: GONGZUOXING PPT SHEJI CONG RUMEN DAO JINGTONG
著作责任者	徐靳　著
责 任 编 辑	滕柏文
标 准 书 号	ISBN 978-7-301-34215-2
出 版 发 行	北京大学出版社
地　　　　址	北京市海淀区成府路205号　100871
网　　　　址	http://www.pup.cn　　　　新浪微博：@北京大学出版社
电 子 信 箱	zpup@pup.cn
电　　　　话	邮购部 010-62752015　发行部 010-62750672　编辑部 010-62570390
印 刷 者	北京宏伟双华印刷有限公司
经 销 者	新华书店
	720毫米×1020毫米　16开本　14.5印张　210千字
	2023年8月第1版　2023年8月第1次印刷
印　　　　数	1—4000册
定　　　　价	79.00 元

前言
PREFACE

　　PPT 是绝大多数职场人无法避开的办公软件之一，在日常工作、生活中使用频率非常高。虽然使用频繁，但对于很多职场人而言，PPT 中的很多操作技巧仍然处于"未知"的状态。

　　实际工作中，很多职场人为了内容清晰、页面美观，会在制作不到 10 页的 PPT 上花费好几个小时，甚至加班到深夜，效率极低，且最终效果很难让领导完全满意，甚至会因为投入的时间和产出的成果不成正比，影响领导对自己的职业评价。需要这类职场人注意的是，在职场中，不是每个人都要做专业设计师，所以，"快速完成并提交"和"拥有大多数人可接受的美观度"才是职场人对制作 PPT 的正确态度，而不是追求所谓"极致的美感"。

　　本书针对职场 PPT 制作现状，依托作者十几年的实操经验，从工作中常见的四个角度入手，帮助读者规避 PPT 制作中容易碰到的各种问题，力求读者读过本书后，仅用几分钟的时间，就能够迅速制作一个内容、页面美观度等各方面都达到 85 分的 PPT。

　　长久以来，国家积极推进软件正版化工作，越来越多的职场人（比如国家行政机关、企事业单位的员工）使用的办公软件由 Office 三件套转为金山 WPS，掌握 WPS 演示使用技巧越来越成为职场人的重要需求。那么，如何使用 WPS 演示制作 PPT 呢？本书有清晰、明确、实操性极强的介绍。作者条理清晰地为读者介绍了使用 PowerPoint 和 WPS 演示制作同一个效果时的不同操作步骤，并对比讲解了两者在便利程度方面的区别，涵盖了职场中制作 PPT 的方方面面。每天学习一个技巧，每天进步一点点，就可以在日积月累中熟练应用 PowerPoint 和 WPS 演示，成为高效办公的职场达人！

综上所述，本书特别适合广大职场人、PPT 设计者作为学习参考用书，同时也适合作为广大职业院校、计算机技能培训学校相关专业的教材用书。

"道可顿悟，事须渐修"，让我们从现在开始，一起去了解职场 PPT 的高效制作方法吧！

（注：本书基于 PowerPoint 2019、WPS 演示 11.1.0.13703 写作）

Contents
目 录

第三章 做好这些设置，效率提高一倍

Part 02
第二部分 内容与版式

第四章 文字太多，如何排版更清晰？

第五章 图片参差，如何排版更合理？

Part 03
第 三 部 分

素材与效果

第六章 选好图片素材，为 PPT 锦上添花

Part 04
第 四 部 分

图表与联动

第九章 让图表好懂、好看、好做、好用

第十章 表格 +PPT= ?

Part 01

第一部分

效率与速度

第一章

文字稿→ PPT：
反复 "Ctrl+C" / "Ctrl+V"
太麻烦，如何做更省事？

在实际工作中，文字稿与 PPT 各有其特点，比如，文字稿可以承载海量信息，便于信息传递；PPT 可以高效突出重点，便于信息接收。相同的是，两者都主要用于传递与接收信息，这一相同点，为它们提供了联动的可能与需求。那么，工作中，如何迅速将文字稿转换为 PPT 呢？

1.1 将文字稿转换为 PPT 的原理

职场中，不少"打工人"碰到过一种令人抓狂的情况：下午的工作时间已过半，老板发来一份文字稿，提的要求是"在两个小时内将其制作成 PPT"。

如果接到任务的是你，你会怎么做呢？

有人说，这个简单，如图 1-1 所示，让"Ctrl+C"/"Ctrl+V"大法上场不就可以了吗？

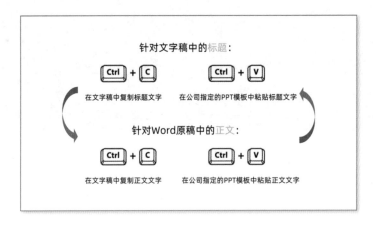

图 1-1　"Ctrl+C"/"Ctrl+V"大法

如果这份文字稿只有三五页，"Ctrl+C"/"Ctrl+V"大法确实能够帮助我们完成任务。但是，你仔细一看，老板发来的这份文字稿有上万字！

这可怎么办？用"Ctrl+C"/"Ctrl+V"大法处理上万字的文字稿，真的不是在开玩笑吗？

针对这种可能出现的实际问题，我们一起来看看如何使用 Office 软件实现快捷工作吧。

"偷懒"前，我们首先要做到正确区分文字稿内容的标题和正文，如图 1-2 所示。

图 1-2　区分文字稿内容的标题和正文

请注意，这里所说的"区分文字稿内容的标题和正文"不是让大家通过调整文字的字号大小和颜色完成区分，也就是说，不要用 Word/WPS 文字内置的文字修饰工具完成区分。Word/WPS 文字内置的文字修饰工具指的是加粗、倾斜、下画线等工具，如图 1-3 所示。

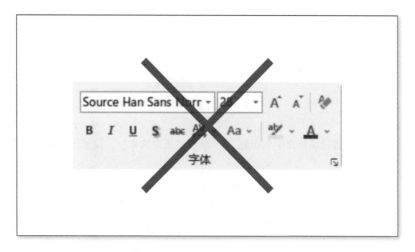

图 1-3　不要用 Word/WPS 文字内置的文字修饰工具完成区分

那应该怎么做呢？请看 1.2 节。

1.2 转换第一步：在文字稿中分设标题与正文

使用文字修饰工具调整文字效果，如通过加粗、加颜色区分标题和正文，是很多职场人常用的方法，但是程序无法识别使用这种方法分设的标题与正文。在 Word 中，能够被程序识别的方法是先选择目标文字，再进行如图 1-4 所示的操作。

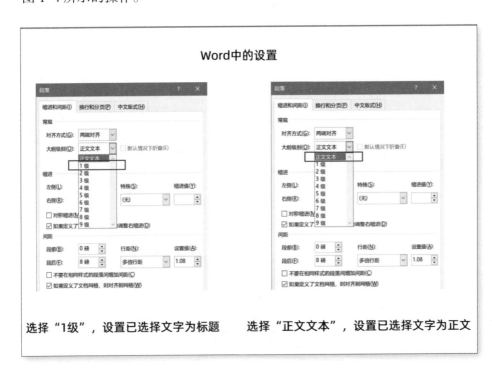

图 1-4　在 Word 中区分"标题"和"正文"

在 WPS 文字中，操作方法类似，程序窗口的界面稍有不同。WPS 文字的程序窗口界面如图 1-5 所示。

图 1-5　在 WPS 文字中区分"标题"和"正文"

如果需要设置多级标题，那么依次选择目标文字，分别设置为"1 级"标题、"2 级"标题、"3 级"标题即可。一般而言，设置到 3 级标题，就能满足绝大部分办公文件的需要。

完成以上操作后，程序才能正确识别哪些文字是标题，哪些文字是正文。

1.3　转换第二步：将文字稿转换为 PPT

完成 1.2 节中的操作后，我们可以着手将文字稿一键转换为 PPT 了。

在 Word 中，单击如图 1-6 所示的快速访问工具栏中的"发送到 Microsoft PowerPoint"按钮，即可完成将文字稿一键转换为 PPT 的操作。

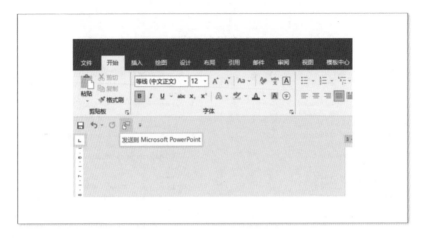

图 1-6　在 Word 中，将文字稿一键转换为 PPT

这时候可能有人会问："我这里没有'发送到 Microsoft PowerPoint'按钮怎么办？"或者问："我的 Word 里没有快速访问工具栏怎么办？"别急，按照如图 1-7 所示的步骤完成操作，即可调出"发送到 Microsoft PowerPoint"按钮。

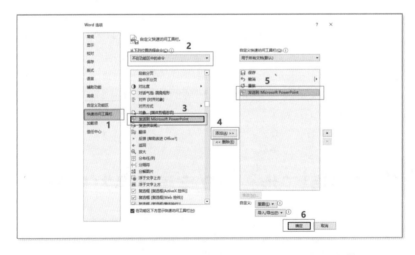

图 1-7　在 Word 中调出"发送到 Microsoft PowerPoint"按钮

如图 1-7 所示的步骤是在 Word 中进行的操作，除此之外，还可以选择另外一种操作方法，即在 PowerPoint 中直接转换已经完成层级设置的文字稿，具体操作如下。

打开 PowerPoint 后，单击"开始"选项卡中的"新建幻灯片"按钮，选择"幻灯片（从大纲）"命令，如图 1-8 所示。

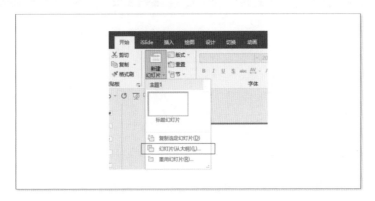

图 1-8　选择"幻灯片（从大纲）"命令

选择"幻灯片（从大纲）"命令后，会弹出【插入大纲】对话框，在该对话框中双击已经完成层级设置的文字稿，程序会自动进行转换。

图 1-8 中，"幻灯片（从大纲）"命令名称中的"大纲"，指的就是已经完成层级设置的文字稿。

在 WPS 演示中，操作步骤如图 1-9 所示。

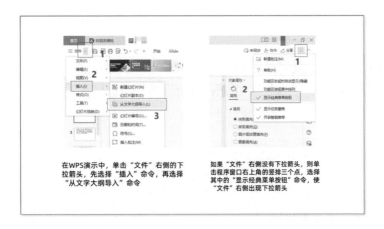

图 1-9　在 WPS 演示中完成转换的方法

WPS 演示命令中的"大纲"，指的也是已经完成层级设置的文字稿。经过上述操作完成转换后，程序界面如图 1-10 所示。

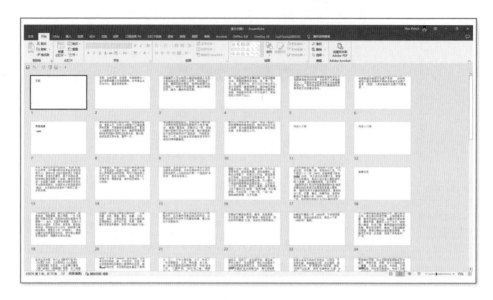

图 1-10　转换后的效果

此时，对比文字稿和 PPT，大家会发现，文字稿中出现回车时，PPT 中会生成新的一页。

即通过在文字稿中敲回车，可以控制转换完成后的 PPT 的页数。

1.4　转换后页面中只有文字怎么办？ ——WPS 演示可用主题更丰富

完成转换后，上万字的文字稿变成了 PPT。但如图 1-10 所示，这种 PPT 根本无法在职场中使用，因为"太丑了"！这意味着，将文字稿转换为 PPT 后，我们需要进行页面美化。

在 PowerPoint 中，单击"设计"选项卡中"主题"区域右下角的"展开"按钮，会出现内置主题选择界面，如图 1-11 所示。

图 1-11　PowerPoint 中的内置主题选择界面

看到如图 1-11 所示的界面，我们可以非常轻松地发现 PowerPoint 的弱点：内置主题数量极少、质量不高、适用性不强。

那么，使用 WPS 演示进行同样的操作有没有优势呢？如果有，优势在哪？

使用 WPS 演示对页面进行美化，可以通过两个按钮实现，如图 1-12 所示。

图 1-12　在 WPS 演示中，有两个按钮可以实现"智能美化"

图 1-12 中的两个"智能美化"按钮的使用区别在于：使用左上角工具栏中的"智能美化"按钮，会一次性美化所有页面的外观；使用右下方状态栏中的"智能美化"按钮，既可以美化特定页面，也可以一次性美化所有页面。

因此，如果想快速为所有页面设置统一风格，单击左上角工具栏中的"智能美化"按钮，在【全文美化】窗口中找到合适的风格，单击选择，即可一键美化。WPS 演示内置的海量全文美化模板如图 1-13 所示。

在WPS演示中单击左上角工具栏中的"智能美化"按钮后，出现数量巨大的全文美化模板

图 1-13 WPS 演示内置的海量全文美化模板

如果想美化特定页面，单击右下方状态栏中的"智能美化"按钮，屏幕下半部分会弹出风格预览窗口，如图 1-14 所示。将光标悬停在目标风格选项上，正文页面会显示应用当前风格后的效果。

在WPS演示中单击右下方状态栏中的"智能美化"按钮后，出现数量巨大的单页美化模板

图 1-14　WPS 演示中状态栏中的"智能美化"按钮

不管是单击左上角工具栏中的"智能美化"按钮，还是单击右下方状态栏中的"智能美化"按钮，在弹出的窗口中向下滚动鼠标滚轮，都可以预览无数 WPS 演示内置的可用主题。

PowerPoint 和 WPS 演示在美化 PPT 方面最大的区别在于，WPS 演示推荐主题的背后有 AI 技术加持，可选主题的数量非常庞大。我们可以通过图 1-13 和图 1-14 看出，单击"智能美化"按钮后弹出的窗口右侧都有滚动条，把滚动条滚动到最下方后，只要等一两秒，WPS 演示就会加载出更多主题。可以说，滚动条永远不会滚动到最底部。而且，WPS 演示可以根据当前页面内容自动推荐主题，不同的页面，会得到不同的推荐结果，非常智能。反观 PowerPoint，它的推荐没有 AI 技术加持，只有固定的内置主题，不管页面是什么样子的，所推荐的主题都一样。

所以，在美化 PPT 方面，WPS 演示远胜 PowerPoint：它更智能、更方便，且可用的样式更多。

1.5 如何套用公司指定模板
——WPS 演示操作逻辑更易理解

在工作中，很多公司有内部指定的 PPT 模板，要求员工只能使用这些指定模板制作工作 PPT。

针对这种需求，PowerPoint 和 WPS 演示都提供直接套用指定 PPT 模板的功能，只不过实现路径不同，如图 1-15 所示。

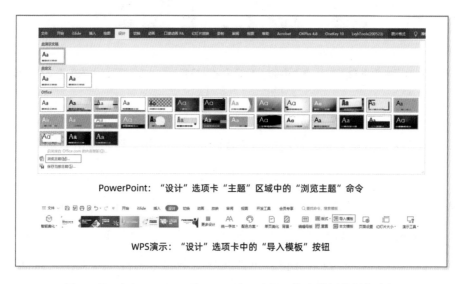

图 1-15　在 PowerPoint 和 WPS 演示中导入指定模板的操作路径

PowerPoint 中的"浏览主题"命令的名称是翻译过来的命令名称，翻译得并不好，有可能造成用户误解，不容易让用户想到这是导入指定模板的命令。在 PowerPoint 中选择"浏览主题"命令所起的作用与在 WPS 演示中单击"导入模板"按钮所起的作用一致，大家明确这一点即可。

需要大家注意的是，不管是 PowerPoint，还是 WPS 演示，两个软件的"导入模板"功能对模板完善度都有明确的要求，如图 1-16 所示。

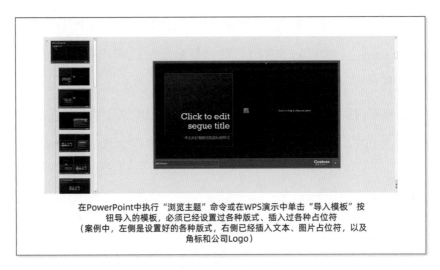

在PowerPoint中执行"浏览主题"命令或在WPS演示中单击"导入模板"按
钮导入的模板，必须已经设置过各种版式、插入过各种占位符
（案例中，左侧是设置好的各种版式，右侧已经插入文本、图片占位符，以及
角标和公司Logo）

图 1-16　对模板完善度的要求

例如，在如图 1-17 所示的案例中导入模板后，文字稿会按导入的模板完
成页面美化。在界面左侧任意页面中右击鼠标，选择"版式"命令后，会弹
出更多版式供用户选择，如图 1-17 所示，用户可以根据当前页面的特点进
行版式设置。

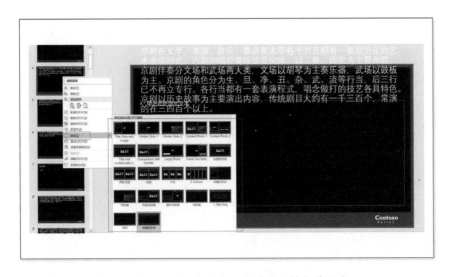

图 1-17　指定模板内部已完成设置的各种版式

在图 1-17 中，选择"版式"命令后弹出的右侧窗口中的各个版式，如"Title Slide with Image""Divider Slide 1"等，都是指定模板内部已完成设置的版式。

学会本章内容，大家就可以在面对有海量文字的文字稿时，轻松地将文字稿转换为 PPT，避免反复使用"Ctrl+C"/"Ctrl+V"大法的麻烦啦！

第二章

大量重复操作太耗时，
如何做更省力？

　　制作PPT的过程中，大家经常会面对重复性操作，例如，分别给所有页面添加Logo、更改所有文字的字体、更改所有页面的颜色等。这些操作，单次进行都不难，也耗费不了多少时间。但一旦重复操作的次数增多，就会非常麻烦，且耗费大量无谓的时间。那么，有什么办法可以妥善地解决这个问题吗？这一章，我们来学习一些省力的技巧。

2.1 一次性给所有页面加 Logo

日常工作中，为 PPT 页面添加公司 Logo 是很常见的操作，如图 2-1、图 2-2 所示。

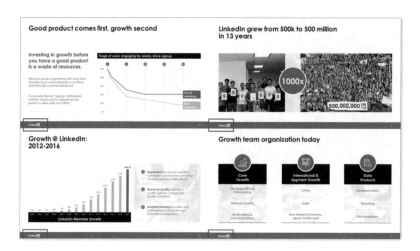

图 2-1　为 PPT 页面添加公司 Logo（1）

图 2-2　为 PPT 页面添加公司 Logo（2）

为 PPT 页面添加公司 Logo 的操作很简单，在页面中插入公司 Logo 并调整至合适的位置即可。

但是这种简单操作有时会给职场人带来极大的困扰——面对仅有几页的 PPT 文件，手动为每页 PPT 添加 Logo 是没有问题的；面对十几页 PPT，手动添加也能够接受；面对几十页甚至上百页 PPT 呢？手动添加大概需要数小时甚至数十小时，这个时间浪费得很没有意义。

在制作 PPT 的过程中遇到类似的问题时，大家一定要记住一件事：程序的设计者一般不会让自己的用户反复、机械地完成某一毫无技术含量的工作（次数多了，用户一定会放弃继续使用这一程序）。针对类似的情况，程序中一定暗藏可"偷懒"的技巧。

那么，针对"在所有页面中插入公司 Logo"这个重复性操作，PowerPoint 和 WPS 演示中暗藏了什么可供用户"偷懒"的技巧呢？

这个技巧就是使用"幻灯片母版"功能。

在 PowerPoint 中，先单击"视图"选项卡，再单击"幻灯片母版"按钮，如图 2-3 所示，即可进入"幻灯片母版"视图。

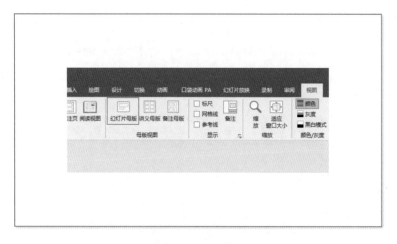

图 2-3　"幻灯片母版"按钮所在的位置

"幻灯片母版"视图如图 2-4 所示。

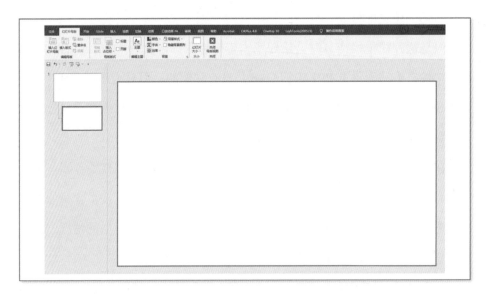

图 2-4　"幻灯片母版"视图

"幻灯片母版"视图中包含两个不同的母版，分别为总版式和标题版式，其区别及使用方法如图 2-5 所示。

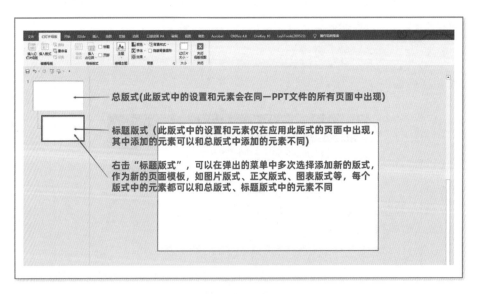

图 2-5　"幻灯片母版"说明

按照图 2-5 中的说明，我们可以在幻灯片母版中添加所需要的公司 Logo。例如，先在总版式右下角插入一个 Logo，再在标题版式左上角插入一个 Logo，效果如图 2-6 所示。

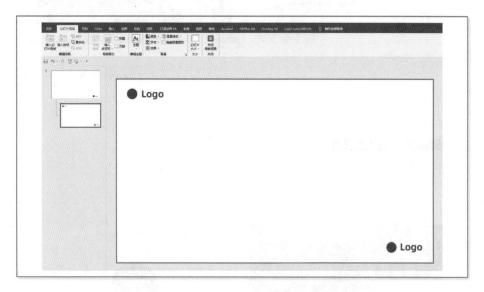

图 2-6　在幻灯片母版中添加公司 Logo

按上述方法设置公司 Logo 在不同版式中的位置后，制作页面时，我们可以调出程序窗口左侧的幻灯片列表，在任意一个页面上右击鼠标，选择"版式"命令，为目标页面应用已经做好的母版。完成设置后，就可以看到不同位置的 Logo 了。

但是仔细观察图 2-6，大家可以发现，现在显示的版式是"标题版式"，按照我们刚刚的设置，Logo 应该出现在这一页面的左上角，为什么该页面右下角也有一个 Logo 呢？

请大家思考这个问题，我会在本节结束时公布答案。

按照上述方法，我们着手做出如图 2-7、图 2-8 所示的页面。

图 2-7　在母版中添加不同 Logo 的效果（1）

图 2-8　在母版中添加不同 Logo 的效果（2）

如图 2-7、图 2-8 所示的页面，非常清晰地体现了在幻灯片母版中设置不同版式，同时在不同版式中添加不同 Logo 后的效果。

大家实际操作后可以发现，不管 PPT 文件有多少页，在幻灯片母版中对 Logo 加以设置后，用几秒钟的时间，一次性给所有页面添加 Logo 真的不是一件很难的事情！

前文中，我给大家留下了一个问题：为什么会在"标题版式"中未设置 Logo 的位置出现 Logo？现在公布答案！

"标题版式"中，左上角（设置了 Logo）和右下角（未设置 Logo）都出现 Logo 的原因是我们在"总版式"页面的右下角设置了 Logo。由于"总版式"页面中的元素会出现在同 PPT 文件的所有页面中，所以，"标题版式"页中，除了左上角的 Logo，右下角会同时出现 Logo。

WPS 演示中"幻灯片母板"功能的位置、使用方法与 PowerPoint 中"幻灯片母板"功能的位置、使用方法类似，此处不再赘述。

2.2 一次性更改所有文字的字体 ——WPS 演示可更改项目更多

除了在 2.1 节中讲到的快速为所有页面添加公司 Logo，日常工作中，还有一个常见的操作需求：一次性更改所有文字的字体。例如，PPT 文件中的原有字体是宋体，要迅速将所有宋体更改为黑体。

对于这个操作，不管是使用 PowerPoint，还是使用 WPS 演示，都可以快速完成，用户不需要手动为每一段文字分别更改字体。但两个软件在具体操作上有着不小的区别，接下来分别讲解。

2.2.1 使用 PowerPoint 更改所有文字的字体

切换至程序窗口左上角的"开始"选项卡后，单击"替换"按钮对应的下拉箭头,可以看到"替换字体"这一命令,如图 2-9 所示。

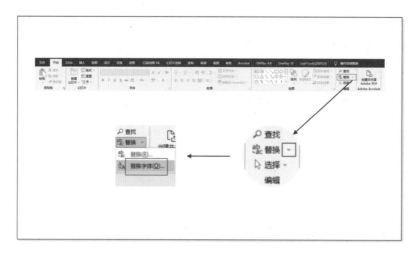

图 2-9　"替换字体"命令所在位置

选择"替换字体"命令,弹出【替换字体】对话框。该对话框中各选项的用途如图 2-10 所示。

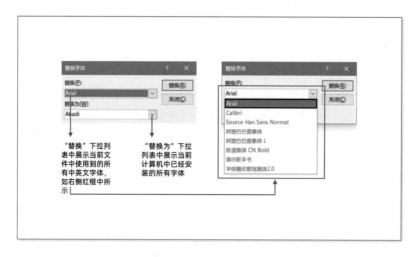

图 2-10　"替换字体"对话框中的各选项说明

明确【替换字体】对话框中各选项的用途后,进行替换字体操作就很简单了,具体步骤如图 2-11 所示。

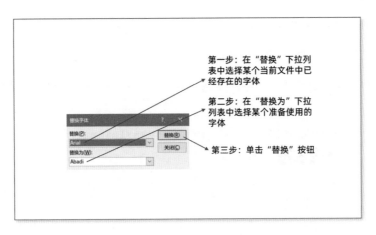

图 2-11　"替换字体"操作步骤

除了快速将某种字体更改为另一种字体，在 PowerPoint 中还有一种操作，可以通过选择主题字体组合，一键更改主题字体，下面详细介绍操作方法。

第一步，在字体下拉列表中选择目标中西文字体。需要注意的是，这里选择的是"标题""正文"等主题字体，不要在"所有字体"区域中进行选择，且不用关注默认状态下的主题字体是什么。

第二步，一键更改所有页面的主题字体，具体操作步骤如图 2-12 所示。

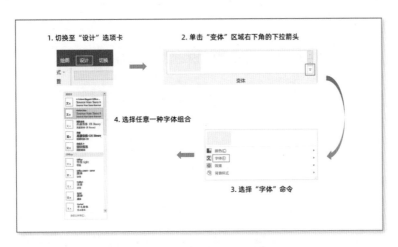

图 2-12　"一键换字体"的操作步骤

现在,我们一起发散一下,主题字体组合可以被修改吗?答案是"可以"!那么,如何设置新的主题字体组合呢?

首先,打开【新建主题字体】对话框,具体操作步骤如图 2-13 所示。

图 2-13 打开【新建主题字体】对话框的步骤

其次,在弹出的如图 2-14 所示的【新建主题字体】对话框中,分别设置中西文文字使用的"标题字体"和"正文字体"。

图 2-14 设置主题字体方案

最后，单击"保存"按钮，完成对主题字体的设置。回到主页面后，就可以在列表中的"自定义"区域看到刚刚设置的主题字体组合了。

2.2.2　使用 WPS 演示更改所有文字的字体

使用 WPS 演示一次性更改 PPT 文件中所有文字的字体有两种方法可供选择，如图 2-15 所示。

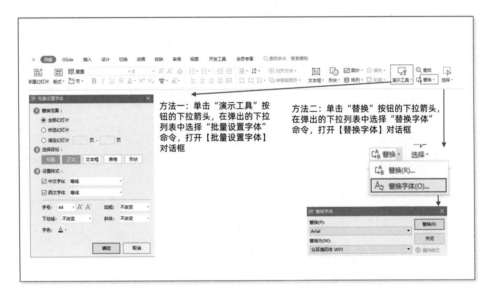

图 2-15　在 WPS 演示中批量更改字体的两种方法

在 WPS 演示中单击"替换"按钮的下拉箭头，打开【替换字体】对话框进行批量更改字体的操作逻辑和操作方法与在 PowerPoint 中进行同类操作完全一致，此处不再赘述。本小节，我们主要讲解在 WPS 演示中单击"演示工具"按钮的下拉箭头，打开【批量设置字体】对话框进行批量更改字体操作的方法。

【批量设置字体】对话框的外观和其中设置选项的用途如图 2-16 所示。

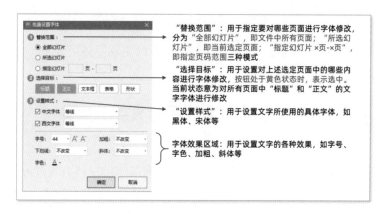

图 2-16　【批量设置字体】对话框

如图 2-16 所示，WPS 演示强于 PowerPoint：WPS 演示的可设置选项远多于 PowerPoint，能够实现的设置效果与使用 PowerPoint 能够实现的设置效果相比，完全可以称得上是降维打击！操作效率会被极大地提高。

与在 PowerPoint 中既可以快速将某种字体更改为另一种字体，也可以通过选择主题字体组合一键更改主题字体一样，在 WPS 演示中，也可以一键更改主题字体，下面详细介绍其操作方法。

第一步，选择目标文字后，在"字体"下拉列表中的"主题字体"区域选择字体，列表界面及操作注意事项如图 2-17 所示。

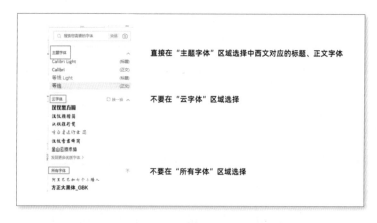

图 2-17　"字体"下拉列表

第二步，单击"设计"选项卡中"统一字体"按钮的下拉箭头，在弹出的下拉列表中选择任意一个字体组合，如图 2-18 所示，即可完成一键更改主题字体的操作。

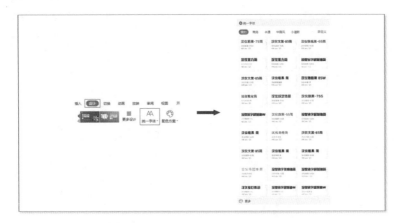

图 2-18 "统一字体"按钮及下拉列表

如果图 2-18 中的右侧图中给出的建议主题字体组合不够用怎么办？在 WPS 演示中，同样可以自定义主题字体！

选择图 2-18 中的右侧图左下角的"更多"命令，会出现如图 2-19 所示的统一字体库。

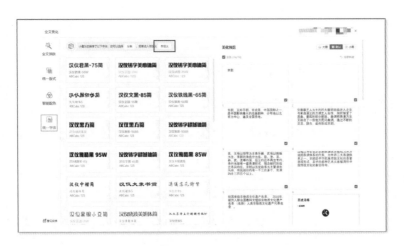

图 2-19 统一字体库

　　如图 2-19 所示的统一字体库中展示的字体组合是 WPS 演示依托 AI 技术为用户提供的字体组合方案，选择其中之一，所选方案的效果预览会立刻显示在右侧的预览区域中。

　　如果统一字体库中的方案依然无法满足需求，用户可以选择图 2-19 中的"自定义"命令，打开如图 2-20 所示的【自定义字体】对话框，在其中自定义设置所需要的字体。

图 2-20　在 WPS 演示中自定义主题字体

　　请大家注意，在如图 2-20 所示的【自定义字体】对话框中，是否勾选"标题正文字体相同"选项，设置的效果有很大区别，大家根据各自的需求进行设置即可。

　　完成对自定义主题字体的设置后，为该自定义主题字体重命名并保存（例如，重命名为"ABC"），即可在"统一字体"下拉列表中的"自定义"区域内看到刚刚设置的自定义主题字体方案，如图 2-21 所示。

图 2-21　在 WPS 演示中自定义的主题字体

至此，完成一次性更改 PPT 文件内所有页面中所有文字的字体的操作。

 # 2.3 一次性更改所有页面的颜色

2.2 节中介绍的"一次性更改所有文字的字体"是工作中常见的操作需求，与此类似的，是领导还可能会提出的一个要求：把 PPT 文件中所有页面的原有颜色更改为更符合产品调性 / 更雅致 / 更有冲击力的另一种或几种颜色。

如图 2-22 所示，就是把 PPT 文件中的所有页面由一种配色完全更改为另外一种配色（只有配色不同，其他内容，比如文字，完全一致）。

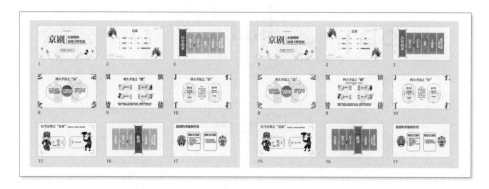

图 2-22　内容一致，仅更改页面颜色

这一要求带给"打工人"的苦恼显而易见：这么多页面，需要更改颜色的地方非常多，一个一个改实在太麻烦了，效率极低，有没有什么便捷、高效的方法？

就像 2.1 节提到的那样，程序设计者一定会帮用户考虑到这个问题，在程序中暗藏可"偷懒"的技巧！

这里，给大家介绍一个"一键换色"的操作技巧，帮助大家一键更改 PPT 中所有页面的颜色！操作简单，效率能够飙升！

使用这个技巧，需要了解 PPT 中的一个基本概念：主题色。了解它之前，我们先看看通常情况下如何更改 PPT 页面的颜色。同样，我按程序的不同，分别对 PowerPoint 和 WPS 演示中的操作方法进行介绍。

2.3.1　使用 PowerPoint 更改所有页面的颜色

更改 PPT 页面的颜色，一般涉及两种对象：文字和形状。在 PowerPoint 中更改文字的颜色，操作步骤如图 2-23 所示。

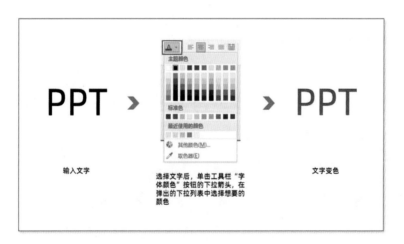

图 2-23　在 PowerPoint 中更改文字的颜色

在 PowerPoint 中更改形状的颜色，操作步骤如图 2-24 所示。

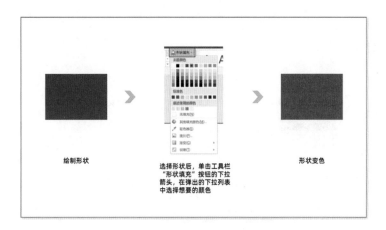

图 2-24 在 PowerPoint 中更改形状的颜色

观察图 2-23 和图 2-24 可以发现，更改两种对象的颜色时，颜色的设置界面非常相似。接下来，详细介绍颜色设置界面，如图 2-25 所示。

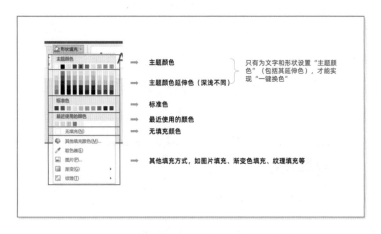

图 2-25 颜色设置界面中不同区域的功能

请大家注意，图 2-25 中特别提出，只有为文字和形状设置"主题颜色"（包括其延伸色），才能实现"一键换色"！这一点非常重要！

换句话说，要想实现"一键换色"，为文字或形状设置颜色时，需要选择"主题颜色"区域中的颜色，不能选择"标准色"或"最近使用的颜色"这两个区域中的颜色。

完成对主题颜色的设置后，按照如图 2-26 所示的步骤进行操作，即可完成"一键换色"。

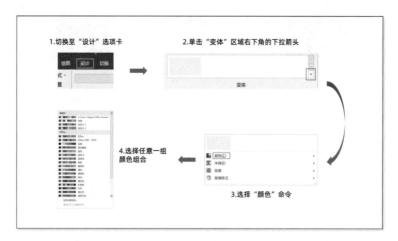

图 2-26　"一键换色"的操作步骤

观察图 2-26 可以发现，主题颜色是若干颜色的组合。那么，主题颜色的组合可以更改吗？可以。如何更改呢？具体操作步骤如下。

首先，打开【新建主题颜色】对话框，具体操作步骤如图 2-27 所示。

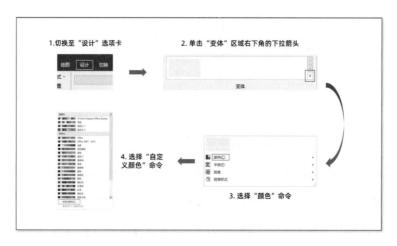

图 2-27　打开【新建主题颜色】对话框的步骤

其次，在弹出的如图 2-28 所示的【新建主题颜色】对话框中设置各元素的颜色。

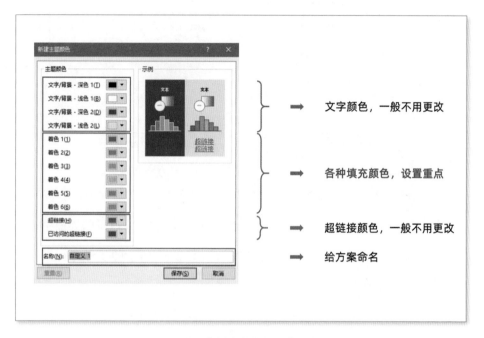

图 2-28 【新建主题颜色】对话框

最后，单击"保存"按钮，完成对主题颜色的设置。回到主页面后，即可在列表中的"自定义"区域看到刚刚设置的主题颜色组合。

2.3.2 使用 WPS 演示更改所有页面的颜色

在 WPS 演示中进行"一键换色"的操作逻辑与在 PowerPoint 中进行同类操作的逻辑类似。

在 WPS 演示中对文字和形状的颜色进行更改，操作界面如图 2-29 所示。

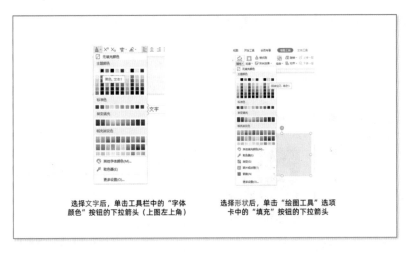

图 2-29　在 WPS 演示中对文字和形状的颜色进行更改的操作界面

实际工作中，先选择目标文字或形状，并在如图 2-29 所示的界面中选择"主题颜色"区域中的目标颜色，再按照如图 2-30 所示的步骤进行操作，即可完成"一键换色"。

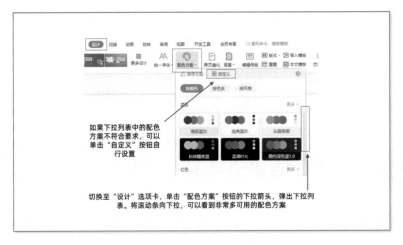

图 2-30　在 WPS 演示中进行"一键换色"的步骤

如图 2-30 所示，如果"配色方案"中预置的主题颜色方案无法满足使用需求，用户可以自定义主题颜色方案。自定义主题颜色方案的具体操作如图 2-31 所示。

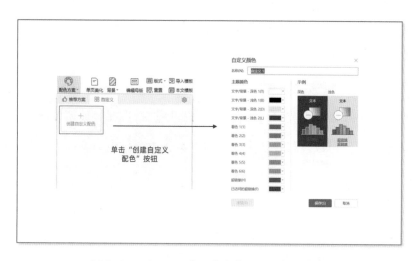

图 2-31　在 WPS 演示中自定义主题颜色方案

由于在 WPS 演示中自定义主题颜色方案的操作逻辑与在 PowerPoint 中进行同类操作的逻辑一致，此处不再赘述。

完成对自定义主题颜色方案的设置后，为该自定义主题颜色方案重命名并保存（例如，重命名为"ABC"），即可在"配色方案"下拉列表中的"自定义"区域内看到刚刚设置的自定义主题颜色方案，如图 2-32 所示。

图 2-32　在 WPS 演示中自定义的主题颜色方案

至此，完成一次性更改 PPT 文件内所有页面的颜色的操作。

有关"一键换字体"及"一键换色"的操作为大家介绍完了。其实，这些操作是有共通性的，统一的逻辑是先为文字、形状设置"主题字体"/"主题颜色"，再在需要更改时直接在备选方案中进行选择。如果备选方案无法满足需求，大家可以自行设置主题字体方案、主题颜色方案，并保存为备选方案之一。

第三章

做好这些设置，效率提高一倍

如今，"老黄牛"般认真却机械的工作状态已不再是各个公司推崇的工作状态，平衡工作与生活，在工作时间内高效地完成工作任务才是老板们的期待。那么，如何提高制作 PPT 方面的工作效率呢？以下这些设置技巧值得掌握。

3.1 学会为自己留"后路"

当出现操作错误，例如，误删了几个字时，或者更改了某些设置，但深思熟虑后发现还是更改前的设置效果更好时，按"Ctrl+Z"快捷键可以撤销操作，让文档回到操作前的状态。这个快捷键，本质上是程序为用户留下的"后路"。

需要注意的是，"Ctrl+Z"快捷键可以多次使用，但不是无限次使用。在 PowerPoint 中，"Ctrl+Z"快捷键的默认连续使用次数是 20 次，在 WPS 演示中，这一默认连续使用次数是 30 次。那么，问题来了，如果我们需要更多的反悔次数，应该如何操作？

在 PowerPoint 和 WPS 演示中，都有调整可撤销次数的功能，如图 3-1 所示。

图 3-1　设置可撤销次数

PowerPoint 和 WPS 演示支持的最大可撤销次数都是 150 次。如果计算机性能比较好、内存比较大，这个数字可以设置得大一些；否则，建议根据实际需要设置可撤销次数，因为每一步操作的具体内容是存储在内存中的，储存数越大，占用的内存越多，造成系统卡顿的可能性就越大。

撤销操作，除了可以使用"Ctrl+Z"快捷键完成，还可以在程序界面中完成。单击如图 3-2 所示的"快速访问工具栏"中的"撤销"按钮，即可返回上一步；单击"撤销"按钮的下拉箭头，会弹出一个下拉列表，列出之前所做的操作，单击目标操作，即可返回到对应的状态。

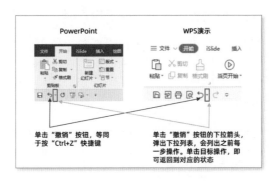

图 3-2　在程序界面中完成"撤销"操作

除此之外，为了在计算机突然死机或者突然断电的情况下尽可能多地保存工作成果，PowerPoint 有"自动保存"功能，能够按照用户所设置的频率，在到达"自动保存时间"时自动保存文件，降低死机、断电等特殊情况造成的损失。

那么，如何设置"自动保存"的频率呢？如图 3-3 所示。

图 3-3　设置"自动保存"的频率

如图 3-3 所示，使用 PowerPoint 制作 PPT 时，可以自行设置自动保存时间（系统默认为每 5 分钟自动保存一次）。奇怪的是，WPS 演示没有自行设置自动保存时间的功能，不得不说，这是一个小小的遗憾。

设置"自动保存时间"之后，如果因为计算机死机、断电导致程序没有正常关闭，再打开程序时会弹出提示，提示用户因检测到程序未正常关闭，有已保存的"可恢复文件"供选择。此时，在程序给出的文件列表中，双击打开保存时间最近的"可恢复文件"，即可继续编辑，极大程度地避免丢失已经做好的 PPT 的情况。

相对而言，5 分钟是一个比较合适的时间间隔。如果设置为更长的时间，例如，10 分钟，对于熟练的 PPT 操作者而言，可以完成的操作步骤已经很多，再打开时会发现丢失了很多步骤，出现做了大量无用功的情况。

 # 3.2 "鼠标点击 N 下" VS "单击鼠标"

在制作 PPT 的过程中，使用鼠标点击不同的按钮，可以执行不同的命令。不过，有些命令的位置比较隐蔽，可能需要点击好几下鼠标，才可以成功执行目标命令。

对于这些位置隐蔽的命令来说，只是偶尔执行一次，大多数人不会觉得多点击几下鼠标是个麻烦事。可是如果你经常制作 PPT，且执行这些命令的需求较频繁，那每次都多点击好几下鼠标，是很耗费时间、很令人烦躁的事。

为了解决这个问题，PowerPoint 和 WPS 演示都内置了"快速访问工具栏"，帮助用户快速执行常用命令。

"快速访问工具栏"的位置如图 3-4 所示。

图 3-4 "快速访问工具栏"的位置

那么，如何调出"快速访问工具栏"呢？如图 3-5 所示。

图 3-5 调出"快速访问工具栏"的方法

在如图 3-5 所示的两张示意图中，右边红框内的命令按钮与添加在图 3-4 中两张示意图上红框内的命令按钮是一致的。如果想添加更多的命令按钮，应该如何设置呢？在 PowerPoint 中，设置方法如图 3-6 所示。

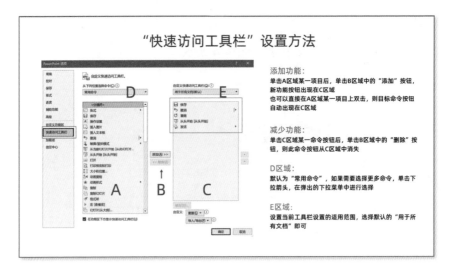

图 3-6 "快速访问工具栏"设置方法

在 WPS 演示的"快速访问工具栏"中添加命令按钮的方法与在 PowerPoint 中进行同样操作的方法完全一致，此处不再赘述。

下面，用一个实例来看看将某个命令按钮添加到快速访问工具栏中后，是否能减少鼠标点击次数。例如，需要对一张图片进行垂直翻转操作，选择目标图片后，在快速访问工具栏中没有目标命令按钮时，操作步骤如图 3-7 所示。

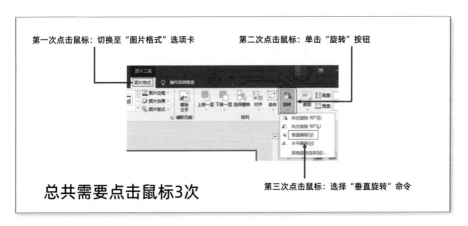

图 3-7 在快速访问工具栏中没有目标命令按钮的情况下实现图片垂直翻转

可以看到，需要点击鼠标 3 次。那么，将"垂直翻转"命令按钮添加到快速访问工具栏中后，需要点击几次呢？ 1 次即可！即单击鼠标即可完成操作。

可能有人会说，这才少点击 2 次，节省不了多少时间，用不用无所谓。

如果是偶尔执行这个命令，那么多点击 2 次、少点击 2 次确实无所谓，可是如果经常需要执行同样的命令呢？是不是会积少成多，节省大量时间？

关于"快速访问工具栏"，还有一个设置值得关注。

当我们按照使用习惯完成对"快速访问工具栏"的设置，即"快速访问工具栏"中已经有了比较多的命令按钮后，如果换一台计算机，能够让之前的习惯设置在新的计算机上复现吗？是可以的！这涉及对当前的"快速访问工具栏"进行导出 / 导入操作，如图 3-8 所示。

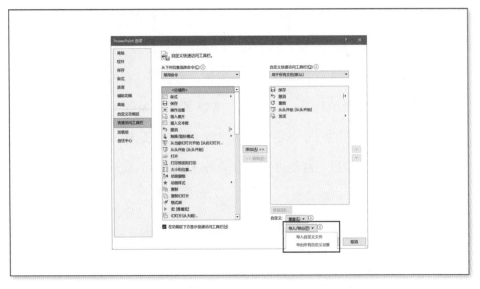

图 3-8　对"快速访问工具栏"进行导出 / 导入操作

在如图 3-8 所示的界面中，单击右下角的"导入 / 导出"按钮的下拉箭头，选择"导出所有自定义设置"命令后，弹出如图 3-9 所示的【保存文件】对话框，在该对话框中为当前设置重命名并选择保存路径，即可完成导出操作。

图 3-9 【保存文件】对话框

在图 3-9 中可以看到，这类文件的文件后缀名为 "*.exportedUI"。

将导出的文件拷贝到新的计算机上，选择图 3-8 红框中的 "导入自定义文件" 命令，即可在新的计算机上复现习惯使用的 "快速访问工具栏"。

不知道大家注意到没有，在如图 3-5 所示的 PowerPoint 和 WPS 演示的 "快速访问工具栏" 设置对比界面中，PowerPoint 的界面截图中有 "导入 / 导出" 按钮，WPS 演示的界面截图中则没有这个按钮，这是为什么呢？

因为 WPS 演示紧跟软件设计的流行趋势，希望用户在使用软件时登录自己的账号（例如，微信登录、QQ 登录、WPS 账号登录等），以便其将用户的自定义设置与用户的账号绑定，存储在服务器上。这样，用户在新的计算机上登录自己的账号后，过往设置会自动通过服务器下载并同步到新的计算机上，不需要用户再手动设置。

WPS 演示，真的是一个处处走在技术前沿的软件。

 ## 3.3 鲜为人知的效率加速器

想要高效地制作 PPT，对 "快捷键" 的使用是必不可少的。

不知道大家有没有围观过 Photoshop（简称"PS"）"大神"工作时的场景：一只手操作鼠标移动、点击各元素、图标，另一只手在键盘上噼里啪啦地按键，不消片刻，屏幕上便呈现出他们制作的作品。

为什么 PS"大神"的操作速度如此快？因为 PS 中有各种各样的快捷键，而"大神"在长期的工作中，对快捷键的熟悉程度极高，甚至已经形成了肌肉记忆，如此一来，软件本身的复杂操作已经不会再影响他们的工作效率了。

PowerPoint 和 WPS 演示中也有很多快捷键，记住它们，制作 PPT 时也可以同样高效。

但是，快捷键非常多，将微软官网中的快捷键列表打印出来，大概需要20 多张纸，一般人不可能完全记得住，也不需要完全记住。根据实际应用频率，我总结了一些常用的快捷键，分通用快捷键、文件操作快捷键、元素操作快捷键（针对页面内元素，如文字、形状、线条等）3 个方面整理出来，送给大家，如图 3-10、图 3-11、图 3-12 所示。记住这些快捷键，足以迅速提高工作效率。

通用快捷键	
按键	说明
Ctrl+C	复制
Ctrl+V	粘贴
Ctrl+A	全选
Ctrl+B	文字加粗
Ctrl+I	文字倾斜
Ctrl+U	文字加下画线
Ctrl+】	增大字号
Ctrl+【	减小字号
Ctrl+L	左对齐
Ctrl+E	居中对齐
Ctrl+R	右对齐
Shift+F3	大小写切换

图 3-10　通用快捷键

图 3-11　文件操作快捷键

元素操作快捷键	
按键	**说明**
Ctrl+G	组合元素
Ctrl+Shift+G	取消元素组合
Alt+F10	打开"选择"窗格（WPS演示不支持）
Shift+鼠标拖曳绘制图形	绘制正方形、正圆形等
Shift+鼠标拖曳元素移动	保持元素直线移动
Shift+鼠标拖曳元素端点	等比放大或缩小
Ctrl+Shift+鼠标拖曳元素端点	原地等比放大或缩小
Ctrl+D	快速复制粘贴

图 3-12　元素操作快捷键

看到这里，可能依然有人会犯愁：常用的快捷键都有这么多？这么多，怎么记呢？

"动手实践"是记忆快捷键最有效的方法！

看三遍、背三遍，不如实践一遍有效果。大家快快打开自己的 PowerPoint 或 WPS 演示，练起来吧！

PPT

Part 02

第二部分

内容与版式

第四章

文字太多，如何排版更清晰？

　　文字，是 PPT 的重要组成部分之一。PPT 主要用于放映、演示，因此，其中的文字不宜过多，且放置美观、便于浏览很重要。当文字量较大时，如何妥善地将其排入 PPT 比较好呢？本章，我们重点讨论这一问题。

4.1 常见的"老大难"版式

很多职场人在制作工作 PPT 时，遇到过需要在页面中放置大量文字内容的情况，如图 4-1、图 4-2 所示，以及需要放置的文字内容零散、没有逻辑的情况，如图 4-3 所示。

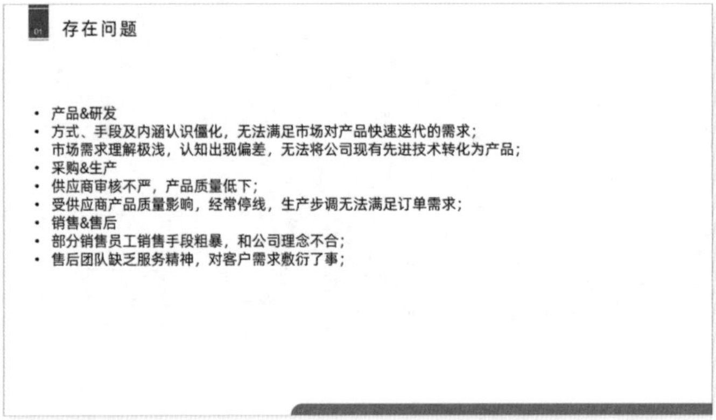

图 4-1 PPT 中文字过多的实例（1）

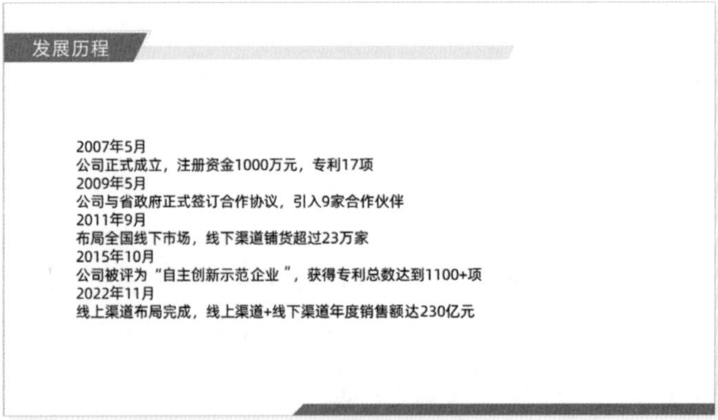

图 4-2 PPT 中文字过多的实例（2）

图 4-3　PPT 中的文字没有逻辑的实例

如果使用的图片较多，可能遇到如图 4-4 所示的情况（具体解决方法见第五章）。

图 4-4　PPT 中图片杂乱的实例

以上 4 种页面，可以分别命名为文字列表型页面、时间轴型页面、组织架构图型页面和图片型页面，如图 4-5 所示。

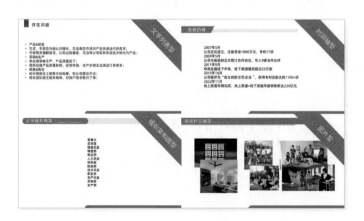

图 4-5　4 种"老大难"版式

这 4 种页面，在工作中出现的频率非常高。

前三种页面，文字堆砌，有重点不明、逻辑不清的问题；第四种页面，大量图片大小不一、长宽比各异，一起放在页面中，非常难看。

如图 4-5 所示，这些页面的排版方式过于生硬，约等于简单地把文字稿"扔"进 PowerPoint 或 WPS 演示中。从设计角度或美学角度出发完成对这类 PPT 页面的排版，制作一个页面用掉一两个小时并不是什么新鲜事。

面对这种情况，我们需要做的是什么？是尽可能快速地完成领导交办的工作，并达到一定程度的美观。注意，并非精雕细琢地做成"艺术品"。

那么，从"快"的角度出发，我们应该如何处理这些页面呢？学会以下几种常见的页面排版方法，绝对能迅速提高 PPT 制作效率。

4.2 文字主次关系不清，如何排版？ ——WPS 演示中的预设效果更实用

文字主次关系不清的 PPT 非常常见，普通的排版美化方法是为文字添加数字编号，或者添加菱形、圆点等项目符号，不过，使用 PowerPoint 提供的"SmartArt"功能或 WPS 演示提供的"智能图形"功能，操作更加快捷，成品也更加美观。

4.2.1 使用 PowerPoint 进行排版

我们先看原稿，如图 4-6 所示。

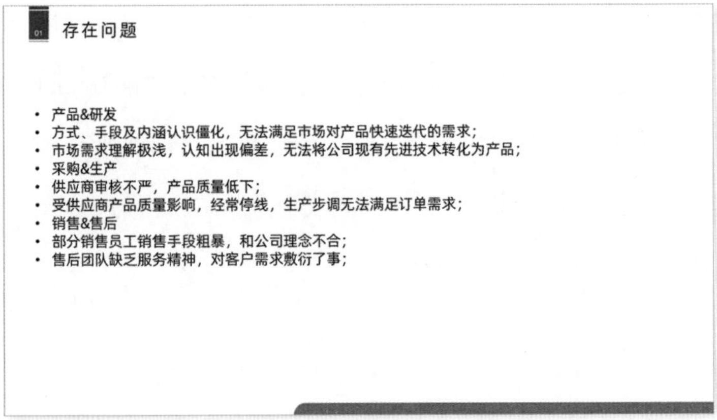

图 4-6 文字列表型页面

如图 4-6 所示的 PPT 页面中有 9 句话，扫视一遍后，我们可以轻松地发现，这 9 句话是毫无文字字体、字号等变化的顺次排列，相互之间的逻辑关系很弱。仔细阅读并查看标点符号后，我们可以发现，这 9 句话可以分为 3 个部分："产品 & 研发""采购 & 生产""销售 & 售后"。

此时，我们完成使用"SmartArt"功能时的第一个操作：在目标行前按"Tab"键。分别在 9 句话中的第 2、3、5、6、8、9 句话前按"Tab"键，使各行分别向后移动，如图 4-7 所示。

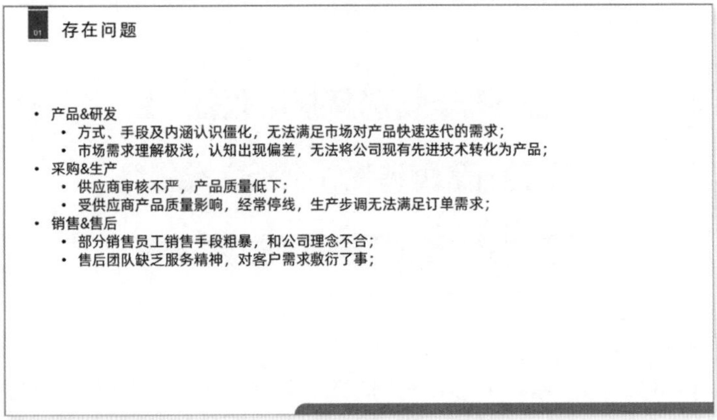

图 4-7 在目标行前按"Tab"键

完成操作后，"产品＆研发""采购＆生产""销售＆售后"这 3 行文字显然成为其下各 2 行文字的标题了，此页文字拥有了非常清晰的层级逻辑。

接下来，选择图 4-7 中的所有文字（请注意，是选择所有文字，不是单击选择文本框），右击鼠标，在弹出的列表中选择"转换为 SmartArt"命令，如图 4-8 所示。

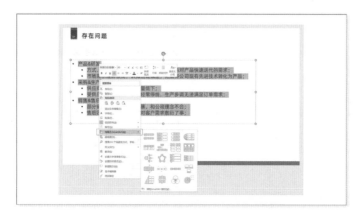

图 4-8　选择"转换为 SmartArt"命令

对于文字列表型页面来说，图 4-8 中的二级菜单中有多个选项是可以选择的。如果选择第一行第一个命令，将得到如图 4-9 所示的效果。

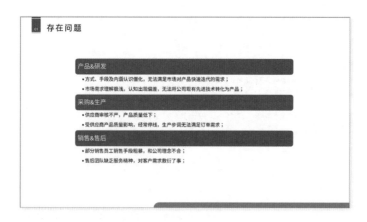

图 4-9　SmartArt 效果（1）

选择第一行第二个命令，将得到如图 4-10 所示的效果。

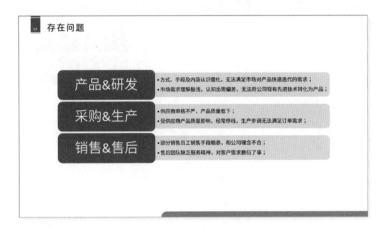

图 4-10　SmartArt 效果（2）

选择第三行第三个命令，将得到如图 4-11 所示的效果。

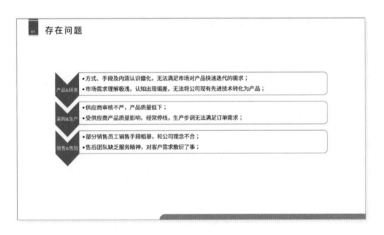

图 4-11　SmartArt 效果（3）

其他效果，大家可以自行尝试。

此外，图 4-8 中的二级菜单最下方，有一个"其他 SmartArt 图形"命令。选择此命令，会弹出如图 4-12 所示的【选择 SmartArt 图形】对话框，看到更多内置样式。

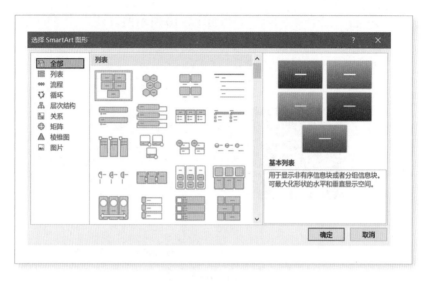

图 4-12 【选择 SmartArt 图形】对话框

我们可以看到,在【选择 SmartArt 图形】对话框左侧,程序对所有 SmartArt 图形进行了分类,包括"列表""流程""循环""层次结构"等。文字列表型页面可以使用所有"列表"类 SmartArt 图形进行排版,我们在这个分类中进行选择即可。

需要再强调一遍,使目标行向后移动时,一定要使用"Tab"键,不能使用空格键,否则,上述效果是不会出现的。

使用 PowerPoint 进行排版的方法到这里就介绍完了,我们看看使用 WPS 演示如何操作。

4.2.2 使用 WPS 演示进行排版

在 WPS 演示中,第一步也是在目标行前按"Tab"键,如图 4-13 所示。

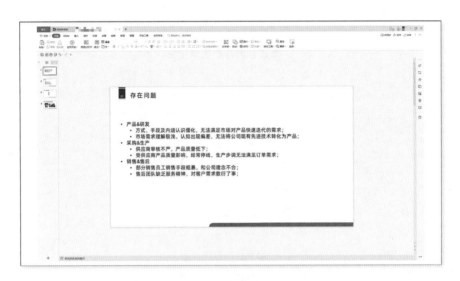

图 4-13　在目标行前按"Tab"键

选择文字后，单击"文本工具"选项卡中的"转智能图形"按钮，程序会弹出二级菜单供我们选择样式。如果二级菜单中的选项无法满足需求，可以选择"更多智能图形"命令，弹出【选择智能图形】对话框，如图 4-14 所示。

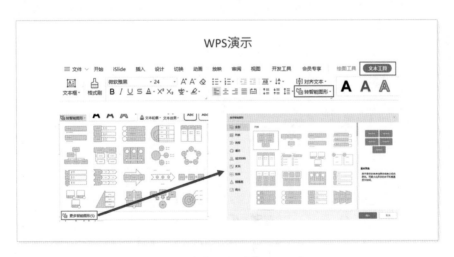

图 4-14　WPS 演示中的内置样式

对比图 4-14 和图 4-12，看上去差不多，但仔细计数后会发现，样式数量有区别，如图 4-15 所示。

样式分类与数量对比

	PowerPoint	WPS演示
列表	36	17
流程	44	23
循环	16	6
层次结构	13	8
关系	37	24
矩阵	4	4
棱锥图	4	4
图片	31	11
合计	185	97

图 4-15　PowerPoint 和 WPS 演示内置样式数量对比

根据图 4-15 中的数量对比数据判断，WPS 演示在此轮输给了 PowerPoint，但其实不然，它有两个非常厉害的功能还没被介绍呢！

这两个 WPS 演示功能是"转换成图示"功能和"智能美化"功能，如图 4-16 和图 4-17 所示。这两个功能是 WPS 演示独有的功能，PowerPoint 中并没有类似功能。

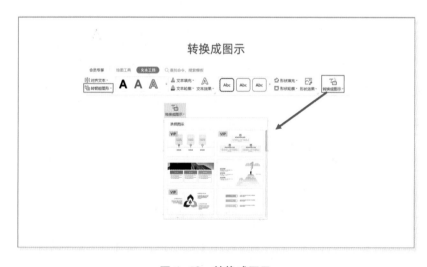

图 4-16　转换成图示

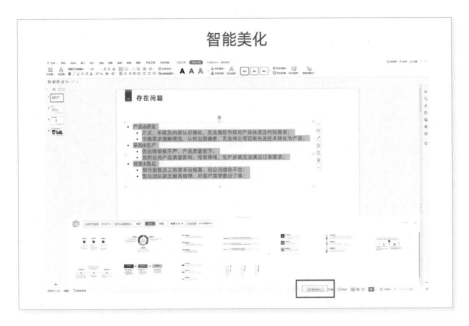

图 4-17　智能美化

加上这两个功能，WPS 演示中的可用样式数量就远超 PowerPoint 了。因为使用这两个功能时，WPS 演示可以依托 AI 智能技术获取海量样式，整体数量可以说是无穷无尽的。

文字列表型页面的美化方法就给大家介绍到这里。详细介绍两个程序的相关功能，是想让大家明确一点：用一两个小时美化一页 PPT，明显是得不偿失的，在极短的时间内，用程序内置的功能及样式做出 85 分的 PPT，才是最有效率的选择！

4.3　公司发展历史太长，如何排版？

我们先来回顾一下时间轴型页面的样子，如图 4-18 所示。

图 4-18　时间轴型页面

时间轴型页面中一般会有诸多时间点，说明每个时间点发生了什么事情，是从时间角度对重要事件做的总结。

时间轴型页面中的时间轴上，不仅时间节点多，每个时间节点上下还会有不少文字，页面中的元素很多。如果这些元素全靠手动插入，速度太慢、效率太低，有违"快速"的需求。

因此，和 4.2 节一样，使用程序内置的样式完成页面排版和美化，才是正确的选择。

4.3.1　使用 PowerPoint 进行排版

与处理文字列表型页面的步骤相同，先使用"Tab"键对原文进行处理，如图 4-19 所示。

图 4-19　使用"Tab"键对原文进行处理

针对如图 4-19 所示的实例页面而言，这一步是分别在偶数行前按 "Tab" 键，"告知" 程序，没有在行前按 "Tab" 键的奇数行是时间节点，在行前按了 "Tab" 键的偶数行则是各个时间节点对应的事件。从效果上看，就是偶数行内容都产生了缩进。

完成操作后，先选择包含所有文字的文本框，再单击 "开始" 选项卡中 "转换为 SmartArt" 按钮的下拉箭头，在弹出的二级菜单中选择一个合适的样式，如图 4-20 左侧部分所示。如果弹出的二级菜单中没有满足需求的样式，可以先选择 "其他 SmartArt 图形" 命令，再在弹出的【选择 SmartArt 图形】对话框中选择合适的样式，如图 4-20 右侧部分所示。

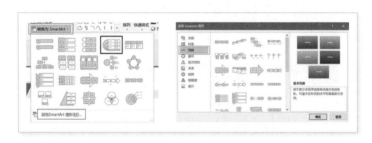

图 4-20　可选择的 SmartArt 图形

通过这样的操作，可以得到诸多效果，选取其二进行展示，如图 4-21、图 4-22 所示。

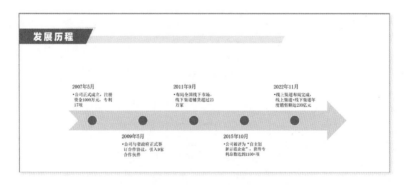

图 4-21　SmartArt 效果（1）

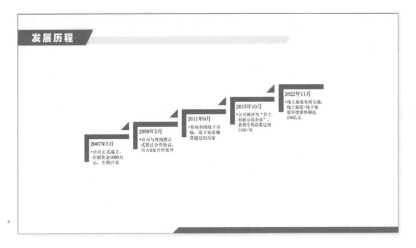

图 4-22　SmartArt 效果（2）

其他效果，大家可以自行尝试。

4.3.2　使用 WPS 演示进行排版

在 WPS 演示中，同样需要使用"Tab"键对文字进行处理。选择目标行，如图 4-23 所示。

图 4-23　选择目标行

在目标行被选择的情况下，按"Tab"键，效果如图 4-24 所示。

图 4-24　按"Tab"键后目标行的变化

对其他需要缩进的行做同样操作后，页面整体效果如图 4-25 所示。

图 4-25　使用"Tab"键处理文字后的效果

完成操作后，先选择包含所有文字的文本框，再单击"文本工具"选项卡中的"转智能图形"按钮，弹出二级菜单后，将鼠标指针移至"预设智能图形"区域，根据系统弹出的提示选择适合的样式，如图 4-26 所示。

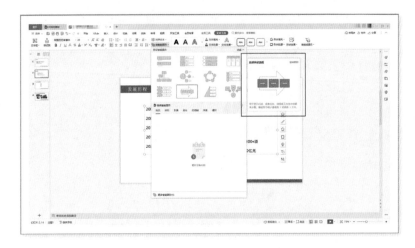

图 4-26　预设智能图形

如图 4-15 所示的 PowerPoint 和 WPS 演示内置样式数量对比表显示，WPS 演示 "流程" 分类中的样式数量少于 PowerPoint "流程" 分类中的样式数量，但不要忘记，WPS 演示中强大的 AI 功能还没有用上呢！

那么，如何在 WPS 演示中获取比在 PowerPoint 中更丰富的样式呢？有 3 种方法可供选择。

方法一，使用 WPS 演示中的稻壳资源，如图 4-27 所示。

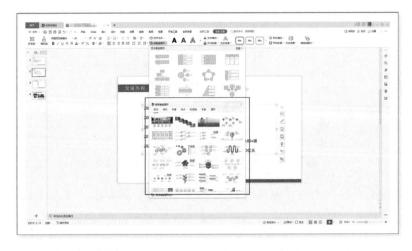

图 4-27　WPS 演示中的稻壳资源

方法二，切换至"文本工具"选项卡，单击右侧的"转换成图示"按钮，如图 4-28 所示，可以获取更多样式。

图 4-28　单击"转换成图示"按钮

方法三，单击页面下方的"智能美化"按钮，如图 4-29 所示，同样可以获取更多样式。

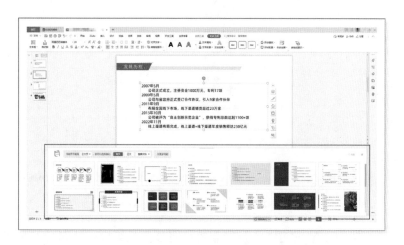

图 4-29　单击"智能美化"按钮

以上 3 种方法，任选其一完成操作，即可轻松地在 WPS 演示中获取比在 PowerPoint 中更丰富的样式。

4.4 公司组织架构复杂，如何排版？

如果需要在 PPT 中展示公司复杂的组织架构，可以制作组织架构图型页面。

4.4.1 使用 PowerPoint 进行排版

我们先来回顾一下组织架构图型页面的样子，如图 4-30 所示。

图 4-30 组织架构图型页面

在组织架构图型页面中，一般需要写明公司各级部门的名称及各级领导的职位。对于如图 4-30 所示的页面来说，较严重的问题是没有区分层级，且行数比较多，如果手动绘制架构图，不仅麻烦、易错，工作量也比较大。所以，我们还是用 4.2 节、4.3 节中介绍过的方法，用程序内置的样式排版、美化页面。

第一步，梳理页面内容，分析该公司的组织架构——第一级：董事长；第二级：总经理；第三级：各部门总监，即销售总监、人力总监、技术总监、生产总监；第四级：各个部门，即销售部、售后部、财务部、综合部、研发部、采购部、生产部。

组织架构分析完毕，第二步是在目标行前按"Tab"键处理页面层级——第一级不按"Tab"键，第二级按"Tab"键一下，第三级按"Tab"键两下，第四级按"Tab"键三下。完成页面层级处理后的效果如图 4-31 所示。

图 4-31　使用"Tab"键为内容区分层级

第三步，先选择包含所有文字的文本框，再单击"开始"选项卡中"转换为 SmartArt"按钮的下拉箭头，在弹出的二级菜单中选择一个合适的样式，如图 4-32 左侧部分所示。如果弹出的二级菜单中没有满足需求的样式，可以先选择"其他 SmartArt 图形"命令，再在弹出的【选择 SmartArt 图形】对话框中选择合适的样式，这里选择"层级结构"类的第一个样式，如图 4-32 右侧部分所示。

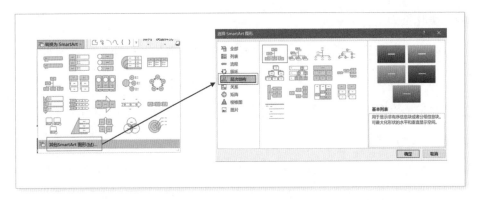

图 4-32　选择 SmartArt 样式

完成操作后，如图 4-31 所示的效果变为如图 4-33 所示的效果。

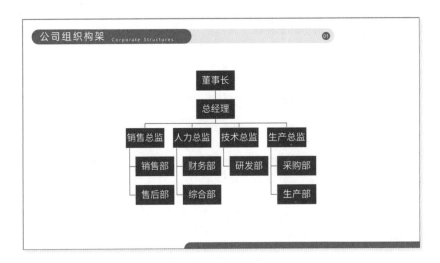

图 4-33　最终效果

其他效果，大家可以自行尝试。

4.4.2　使用 WPS 演示进行排版

在 WPS 演示中，我们可以选择使用程序自带的样式或 AI 搜索结果中的样式对页面进行排版及美化。

首先，在目标行前按"Tab"键处理页面层级，如图 4-34 所示。

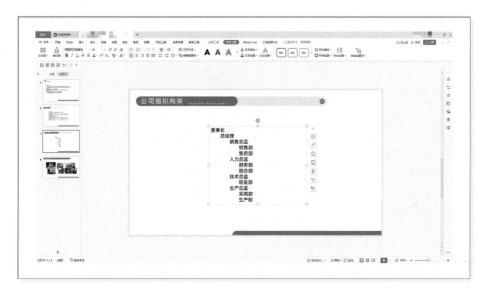

图 4-34　使用"Tab"键为内容区分层级

其次，先选择包含所有文字的文本框，再单击"文本工具"选项卡中"转智能图形"按钮的下拉箭头，在弹出的下拉列表中选择"更多智能图形"命令，随后，在弹出的【转智能图形】窗口中选择"层次结构"分类，如图 4-35 所示。

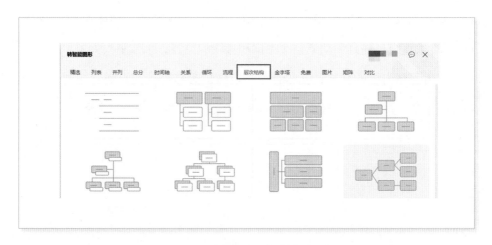

图 4-35　选择"层次结构"分类

最后，任选一个样式，即可完成对样式的应用，效果如图 4-36 所示。

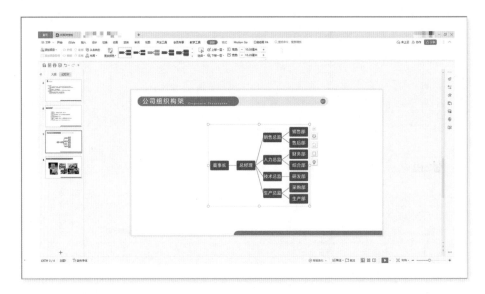

图 4-36　效果展示

如果程序内置的可选样式不够用，可以使用 AI 搜索结果中的样式美化页面，单击程序窗口最下方的"智能美化"按钮即可。

如果没有掌握上述操作逻辑和步骤，想将如图 4-30 所示的多行文字（13行）页面做成如图 4-33、图 4-36 所示的效果，恐怕需要手动插入 13 个文本框和 12 条直线，并且手动调整文本框和直线的位置，工作量太大了。

使用程序内置的样式，几秒钟就可以做出足够美观的页面。同时，如果有需要，还可以进一步美化页面，如调整配色、文本框效果、文字字体等。

第五章

图片参差，如何排版更合理？

图片，是 PPT 中除了文字的另一个重要组成部分。图片质量高且摆放合理的 PPT，能够更快速地吸引观众的注意力、更高效地帮助观众理解制作者所展示的内容。面对大小不一、长宽比不同的图片，如何处理更加有序？WPS 演示所特有的"轮播"效果和"拼接"功能，究竟有多神奇？本章，我们来一探究竟。

5.1 大小不一、长宽比不同的图片，如何处理？

首先，我们一起来回顾一下图片型页面的样子，如图 5-1 所示。

图 5-1　图片型页面

对于这种类型的 PPT 页面来说，最大的问题其实不在于需要插入的图片较多，而在于众多图片的大小不一致，且长宽比不一致，需要手动调整，这是一件非常麻烦的事情。

不管有多少张图片，都可以在互联网上搜索到合适的版式，进行排版。但是排版之前，图片大小一致是最基本的要求。

以将众多图片迅速调整到大小一致的状态为例，我们一起看一看如何使用 PowerPoint 进行操作。

首先，选择全部图片，如图 5-2 所示。

图 5-2　选择全部图片

　　然后，单击"图片格式"选项卡中的"图片版式"按钮（请大家注意，现在选择的是图片，因此无法单击第四章中介绍的"开始"选项卡中的"转换为 SmartArt"按钮），弹出如图 5-3 所示的二级菜单。

图 5-3　"图片版式"二级菜单

最后，选择二级菜单中的任意一种样式，即可一键更改图片的大小。例如，选择第一行第三个样式，可以得到如图 5-4 所示的页面效果（图 5-4 中的"公司""运动""游戏"等文字是用户输入的，并非程序自动生成，但是程序会给用户留出输入这些文字的位置）。

图 5-4　效果（1）

其他可选择的部分效果如图 5-5、图 5-6 所示。

图 5-5　效果（2）

图 5-6　效果（3）

这种操作，虽然不是从单击"开始"选项卡中的"转换为 SmartArt"按钮入手的，但其本质是一样的。单击"转换为 SmartArt"按钮是针对文字进行操作，单击"图片版式"按钮则是针对图片进行操作。

 ## 如何添加"轮播"效果和"拼接"效果？
——WPS 演示独有的功能

在 WPS 演示中，针对图片排版，没有"图片版式"这种"类 SmartArt"的工具，但有"多图轮播"和"图片拼接"两个独有的功能，如图 5-7 所示。其中，"图片拼接"功能类似 PowerPoint 中的"图片版式"功能。

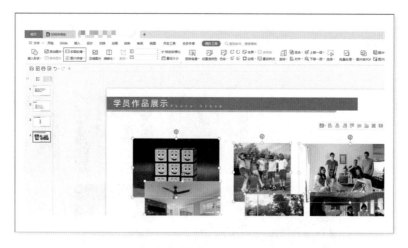

图 5-7 "多图轮播"和"图片拼接"功能

以图 5-1 为例,我们看看这两个 WPS 演示中独有的功能该如何使用。

5.2.1 "轮播"效果

将图片导入 WPS 演示后,选择所有图片,切换至"图片工具"选项卡,单击"多图轮播"按钮,如图 5-8 所示。

图 5-8 "多图轮播"功能界面

在图 5-8 中，如果轮播样式左上角有"VIP"字样，说明该样式只有 WPS 会员才可使用。

选择任意一个可使用的样式，这里选择第一个"banner 式小图轮播"样式，单击该样式右下角的"套用轮播"橘色按钮，页面效果如图 5-9 所示。

图 5-9　"多图轮播"之"banner 式小图轮播"

程序会自动对所有图片进行裁剪操作，使其大小一致，并全部居中。在"幻灯片放映"状态下，单击页面下方的小圆圈，图片会随之切换。

5.2.2　"拼接"效果

使用"图片拼接"功能，将图片导入 WPS 演示后选择所有图片，单击"图片拼接"按钮，会弹出如图 5-10 所示的二级菜单。

图 5-10   "图片拼接"二级菜单

可以看到，出现在"图片拼接"二级菜单中的样式选项是由图片张数决定的。本例中有 6 张图片，所以二级菜单中的样式选项是满足 6 张图片排列的选项。

我们选择第二个选项，效果如图 5-11 所示。

图 5-11   "图片拼接"效果

我们再来看看图片数量不同时，程序会给出怎样的样式选项，如图 5-12

所示。

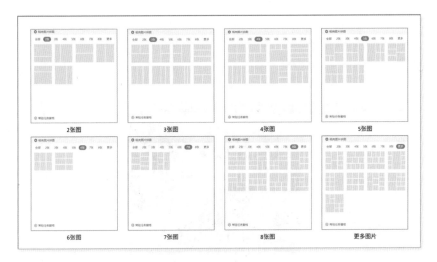

图 5-12　图片数量不同时的样式选项

除了可以为图片"一键归位"，"图片拼接"功能还有一个很厉害的用法，即"调序"，调整拼接后的图片的顺序和位置。这个用法的具体操作如下。

选择拼接后的图片墙后，图片墙右上角会出现一个类似灯泡的图标，如图 5-13 所示。

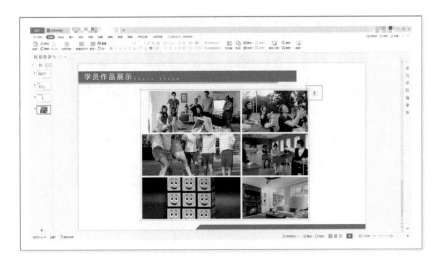

图 5-13　灯泡式图标

单击该灯泡式图标后，先切换至"拼图"选项卡，再单击"调序"按钮，如图 5-14 所示。

图 5-14　按数字顺序操作，使用"调序"功能

"调序"功能操作界面如图 5-15 所示。

图 5-15　图片调序

第一次进行图片调序时，程序会自动播放一段动画，指导用户完成操作。我们不用管它，动画播放后，首先，将鼠标指针移动到想调整顺序的图片上，然后，待鼠标指针变成小手形状，按住鼠标左键不放，拖动图片到合适的位置，本例中，拖动左下角图片到左上角位置，最后，单击图片墙右下角浮动的对号，确认修改，如图 5-16 所示。

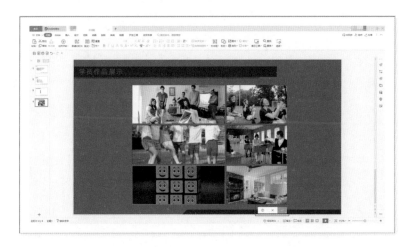

图 5-16　拖动图片到合适的位置后，单击图片墙右下角浮动的对号

调序后的效果如图 5-17 所示。

图 5-17　调序后的效果

除了可以调整图片的顺序、位置，在"调序"状态下，还可以调整图片的左右宽度、上下高度。操作时，将鼠标指针移至图片的左右间隔处或上下间隔处，按住鼠标左键进行拖动即可。大家可以自行尝试。

PPT

Part

03

第三部分

素材与效果

第六章

选好图片素材，为 PPT 锦上添花

制作 PPT 时经常需要使用各类素材，其中，"图片"和"图标"是最常用、最重要的两类素材。合理使用这两类素材，对于做出美观的 PPT 来说非常重要。本章，为大家介绍如何获取图片素材，以及处理图片素材的技巧。

提起"图片素材"，对非专业设计师的职场 PPT 制作人而言，第一时间想到的大多是通过互联网搜索获取。

举个例子，想寻找一张"摩尔定律"发现者戈登·摩尔的图片时，大部分人会打开浏览器，进入百度首页，在搜索框中输入"戈登·摩尔"几个字作为关键词进行搜索，如图 6-1 所示。

图 6-1　在百度首页输入搜索关键词

单击搜索框后面的"百度一下"按钮或按回车键，即可进入结果页面，如图 6-2 所示。

图 6-2　搜索结果

单击图 6-2 中被红框圈起的"图片"筛选器，即可看到"图片"筛选结果，如图 6-3 所示。

图 6-3　图片筛选结果

在图 6-3 中可以看到，搜索引擎筛选出的图片有黑白的、有彩色的；有横向的、有纵向的；有带文字的、有不带文字的；有清晰的、有模糊的……各种各样，不一而足。

对于大部分 PPT 制作人而言，使用搜索引擎筛选出的图片基本上是无法直接使用的。

那么，本章的第一个关键问题就来了，如图 6-4 所示。

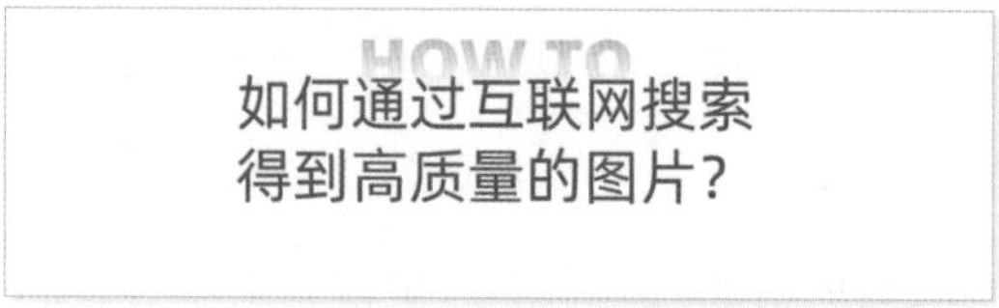

如何通过互联网搜索
得到高质量的图片？

图 6-4　如何通过互联网搜索得到高质量的图片

根据经验，我给读者提供 3 个高效率方法作为可选项，如图 6-5 所示。

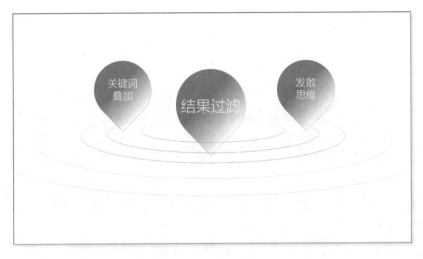

图 6-5　获得高质量图片的 3 个高效率方法

下面逐一为大家介绍。

 6.1 **利用搜索引擎的技术特性，获得优质图片素材**

如图 6-3 所示，直接在搜索引擎上使用关键词进行搜索，搜索质量无法保证，很难迅速找到优质图片素材。那么，如果缩小搜索范围，结果会不会更理想？

之所以提出这样一个思路，是因为大部分搜索引擎（本书以百度为例）支持一次性输入多个关键词，共同完成搜索，即用户可以同时在搜索框中添加多个关键词，获取更加精准的结果。这是搜索引擎自带的技术特性。

因为用在 PPT 页面中的图片普遍需要"高清"，以方便对图片进行进一步处理，所以，我们针对同样的例子，尝试添加关键词"高清"进行细化搜索，如图 6-6 所示。

图 6-6　添加新的关键词

　　大家应该注意到了，使用两个或两个以上关键词时，关键词之间需要插入空格，以帮助程序抓取关键词。

　　新的搜索结果如图 6-7 所示。

图 6-7　新的搜索结果

　　本次的搜索结果基本上都是可以直接使用的高清图。选择图 6-7 中第 1 行第 3 张图片，经过镜像、调整为黑白图片、添加文字等处理，可以做出如图 6-8 所示的页面。

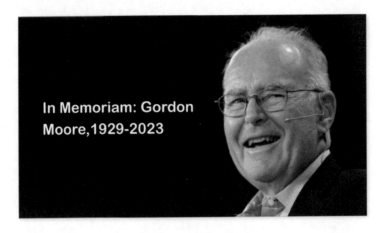

图 6-8　高清效果（1）

选择图 6-7 中第 2 行第 3 张图片，经过镜像、添加文字等处理，可以做出如图 6-9 所示的页面。

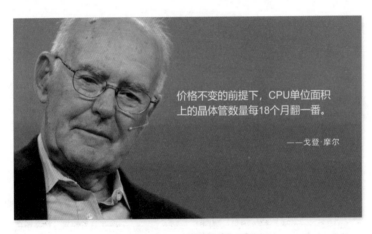

图 6-9　高清效果（2）

这种主关键词 + 次关键词的用法，叫作"关键词叠加法"，即通过组合多个关键词，一步一步缩小搜索范围，以得到理想的搜索结果。

再举一个例子，做商务汇报 PPT 时，通常需要使用大量有关商务人士的图片。仅在搜索引擎中输入"人物"二字，会得到如图 6-10 所示的搜索结果。

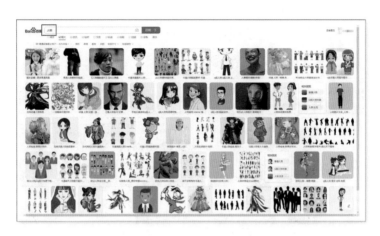

图 6-10 以"人物"为关键词

在如图 6-10 所示的搜索结果中，什么图片都有，而且卡通图片居多，显然不适合使用在商务汇报 PPT 中。这时，就需要我们在以"人物"为主关键词的基础上，添加次关键词，比如"商务"，搜索结果如图 6-11 所示。

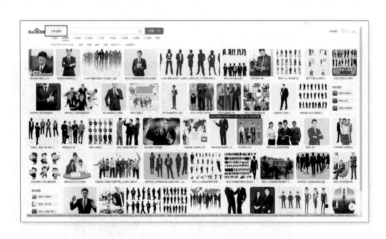

图 6-11 添加"商务"作为次关键词

添加次关键词后的搜索结果明显比仅使用"人物"作为关键词时好得多，但还是有一些偏卡通的图片。没关系，我们继续添加第三关键词。

考虑到 PPT 中最好使用高清图片，而壁纸普遍是高清的，所以将第三关键词设置为"壁纸"，搜索结果如图 6-12 所示。

图 6-12　添加"壁纸"作为第三关键词

怎么样？叠加"人物""商务""壁纸"3 个关键词后，搜索结果是不是基本可以满足需求了？我们从如图 6-12 所示的搜索结果中随便选择一张图片，比如，选择第 3 行第 7 张图片，经过镜像、添加文字等处理，可以做出如图 6-13 所示的页面。

图 6-13　页面效果

"关键词叠加法"是非常好用的合理利用搜索引擎技术特性的搜索方法，在这里，我给大家提供一些可以用在"关键词叠加法"中的常用关键词，如图 6-14 所示。除此之外，大家还可以在实际工作中慢慢摸索、总结。

图 6-14　"关键词叠加法"中的常用关键词

 6.2 使用搜索引擎的内置工具，获得优质图片素材

使用搜索引擎得到的搜索结果往往是海量的，而搜索结果中的图片信息是无法一眼看全的。比如，我们想要一张大尺寸的图，仅从搜索结果页面看，无法直接看出每张图片的尺寸，必须把鼠标指针悬停在图片上，才会显示图片尺寸。

为了解决此类问题，很多搜索引擎内置了叫作"筛选器"的智能工具，帮助用户从不同角度入手对搜索结果进行分类。以百度搜索结果页面为例，筛选器分类如图 6-15 所示。

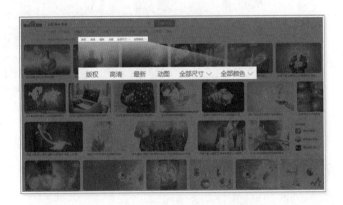

图 6-15　百度搜索结果的筛选器分类

筛选器分类中，"版权""高清""最新""动图"等几个选项很容易理解，此处不再赘述，"全部尺寸""全部颜色"这两个选项右侧都有下拉箭头，我们单击下拉箭头，了解一下更多选项，如图 6-16 所示。

图 6-16　"全部尺寸""全部颜色"筛选器选项

使用"全部尺寸"筛选器，可以依据图片尺寸筛选搜索结果。该筛选器选项中不仅有 4 个固定选项（"特大尺寸""大尺寸""中尺寸""小尺寸"），还有一个"自定义"选项区域，自定义需要的尺寸后单击"确定"按钮，筛选结果中的图片即全部为满足该尺寸要求的图片，如图 6-17 所示。

图 6-17　自定义尺寸的筛选结果

使用"全部颜色"筛选器，可以依据图片的主体颜色筛选搜索结果，例如，选择"蓝色"，筛选结果如图 6-18 所示。

图 6-18　指定主体颜色的筛选结果

除了百度搜索，日常生活、工作中，我们可能还会用到其他的搜索引擎，比如，微软旗下的搜索引擎 Bing。使用 Bing 完成搜索的时候，可用的筛选器种类更多。

我们先看看 Bing 中的筛选器在什么位置。

输入关键词并按回车键之后，出现搜索页面，筛选器在该页面的右上角，如图 6-19 所示。

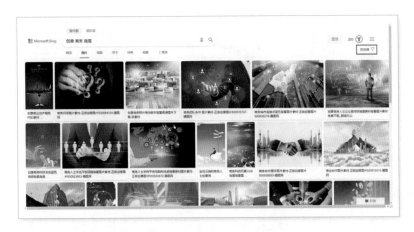

图 6-19　Bing 中的筛选器位置

单击"筛选器"按钮，即可出现筛选项，如图 6-20 所示。

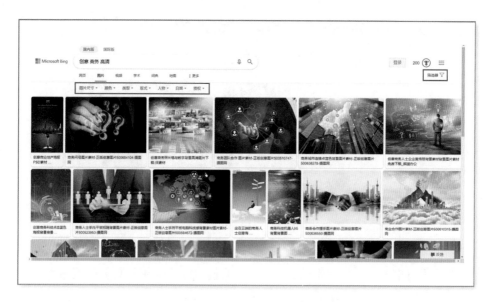

图 6-20　单击"筛选器"按钮，出现筛选项

和百度筛选器的筛选项相比，Bing 筛选器的筛选项更多，我们看一看这些筛选项的子选项，如图 6-21 所示。

类型 ▾	版式 ▾	人物 ▾	日期 ▾	授权 ▾
全部	全部	全部	全部	全部
照片	方形	脸部特写	过去 24 小时	所有创作共用
插图	横版	半身像	过去一周	公共领域
素描	竖版		过去一个月	免费分享和使用
动画 GIF			去年	在商业上免费分享和使用
透明				免费修改、分享和使用
				在商业上免费修改、分享和使用
				详细了解

图 6-21　Bing 筛选器的筛选项及其子选项

通过图 6-21 可以看出，在某些情况下，使用 Bing 筛选器的筛选项，能够更快捷地帮助我们找到满足需求的图片。比如，图 6-21 中，第一个筛选项是"类型"，"类型"筛选项下有"透明"这一子筛选选项，指透明背景的 PNG 格式的图片，这种图片，在 PPT 制作中是非常有用且常用的。

综上所述，建议大家灵活选择适合自己的搜索引擎。

6.3 利用人类大脑的思维特性，获得优质图片素材

6.1 节及 6.2 节中举的例子都是在搜索某种"实物图片"，在实际工作中，还有一种情况很难规避，那就是搜索某种"非具象图片"，如图 6-22 所示。

图 6-22　如何搜索"非具象图片"

"恢弘"这个词，显然是一个概念，或者说，是一种感觉，而不是一个实物，遇到这种情况，应该如何搜索？

我们先看看以"恢弘"为关键词时的搜索结果是怎样的，如图 6-23 所示。

图 6-23　以"恢弘"为关键词时的搜索结果

搜索结果中，有建筑、天空、云海、山脉，都很"壮观"，但似乎离真正的"恢弘"尚有一些距离。从图片质量、长宽比来看，有可用的图片，但是不多，而且涉及的元素过多（山、天空等），让我们难以选择。

此时，我们可以使用发散思维法。所谓"发散思维"，就是根据非实体、非具象的目标关键词所反映的特征，发散、拓展思维，把目标关键词映射到某一个具体的事物上去。这样做，会让我们的搜索更加准确、更加快速。

那么，"恢弘"这个抽象的概念，可以映射到什么具体的事物上呢？观察图 6-23 可知，建筑是选项之一。但是再壮观的建筑，和自然界中的山、海相比也不够壮观。这一点，也可以通过观察图 6-23 中的搜索结果得知——建筑以外的图片，主体元素都是自然界中直接存在的。所以，我们直接选择自然界中的元素进行搜索，比如"山"。以"山"字为关键字进行搜索，搜索结果如图 6-24 所示。

图 6-24 以"山"字为关键字进行搜索

图 6-24 中的图片都不错，似乎已经可以满足我们的使用需求了。

不过，有没有更"恢弘"的东西？我们试试以"宇宙"为关键词进行搜索，搜索结果如图 6-25 所示。

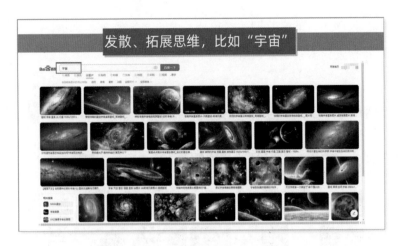

图 6-25　以"宇宙"为关键词进行搜索

如图 6-25 所示的搜索结果似乎更符合"恢弘"这个词的感觉，那么我们就选定"宇宙"这个关键词了（感兴趣的读者可以按照这个思路，自行尝试换用更多的关键词）。为了使搜索到的图片质量更高，我们使用"关键词叠加法"，添加一个次关键词——"壁纸"，搜索结果如图 6-26 所示。

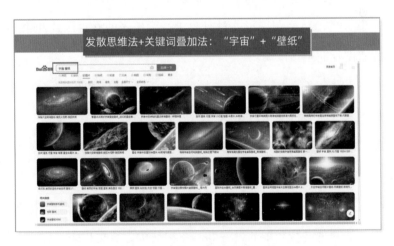

图 6-26　多种搜索方法结合使用

这个搜索结果说明，几种搜索方法是可以结合使用的，结合得好，会得到更理想的结果。

再举一个例子，如果我们需要传递"恶毒"的感觉，直接以"恶毒"为关键词进行搜索，搜索结果如图 6-27 所示。

图 6-27　以"恶毒"为关键词进行搜索

显而易见，这样的搜索结果不符合要求：真人图、卡通图、"梗"图充斥着页面，几乎没有能达到 PPT 页面的使用标准的图片。如果非要"矮子里面拔将军"，挑出一两张，可能只有第 1 行第 5 张的女巫图片和第 3 行第 1 张的容嬷嬷图片勉强可以使用。

我们完全没有必要委屈自己，选择后期处理时很麻烦的"不合格图片"，"发散思维法"能够帮助我们妥善地解决搜索问题。

使用"发散思维法"，大家想一想，"恶毒"这个词可以具象到什么事物上呢？

"哈利·波特"系列作品中的"伏地魔"（英国作家 J. K. 罗琳的魔幻小说系列"哈利·波特"中的最终 Boss，被认为是有史以来最强大、最危险的黑巫师）怎么样？我们试试看。搜索结果如图 6-28 所示。

图 6-28　以"伏地魔"为关键词进行搜索

这个搜索结果可以很直观地体现"恶毒"这个词，那么我们就选定"伏地魔"作为关键词（感兴趣的读者可以按照这个思路，自行尝试换用更多的关键词）。

接下来，更进一步，用"关键词叠加法"，添加次关键词"高清"，缩小搜索范围，搜索结果如图 6-29 所示。

图 6-29　多种方法共用，缩小搜索范围

这样搜索出来的结果，基本可以满足我们的要求。

使用"发散思维法"，本质上是在搜索某些非具象概念时，利用人类大脑的特性，发散、拓展思维，具象到某一具体事物上。

6.4 在 PowerPoint 和 WPS 演示中获取联机图片的方法——WPS 演示的内置图库更丰富

6.1 节至 6.3 节介绍的获取图片的方法，是先搜索、下载到本地硬盘，再插入或者拖动至 PPT 中使用。说实话，使用这种方法有点麻烦，能不能在制作 PPT 的程序中直接完成搜索并插入图片的操作呢？答案是"可以的"！我们来看看具体如何实现。

6.4.1 在 PowerPoint 中获取联机图片

在 PowerPoint 中获取联机图片，操作位置如图 6-30 所示。

图 6-30 在 PowerPoint 中获取联机图片

请注意，这里说的不是"图片"，而是"联机图片"。如果选择图 6-30 中的"此设备"命令，或者不单击"图片"按钮的下拉箭头，直接单击"图片"按钮本身，会弹出【插入图片】对话框，先让用户定位已下载图片的存储位置，再双击插入图片，获取图片的方法与 6.1 节至 6.3 节介绍的获取图片的方法一致。想在 PowerPoint 中直接完成搜索并插入图片的操作，要选择"联机图片"命令。

选择"联机图片"命令后，弹出【联机 图片】窗口，如图 6-31 所示。

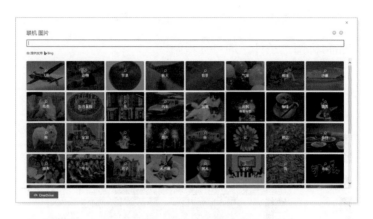

图 6-31　在 PowerPoint 中插入联机图片（1）

观察图 6-31 可以发现，PowerPoint 会自动把内置图库分成若干类别（共 52 个类别），需要哪个类别的图片，单击该类别主图即可。例如，单击第 2 行第 3 个主图，即可进入"书"类别，该类别界面如图 6-32 所示。

图 6-32　在 PowerPoint 中插入联机图片（2）

如图 6-32 所示，该类别界面左上角第 2 个图标中，有"仅限 Creative Commons"字样，勾选"仅限 Creative Commons"对应的复选框，即可筛选出该类别联机图片中满足"免费可商用"这一条件的联机图片。

在图 6-32 中，"仅限 Creative Commons"复选框的左侧，有一个红色漏

斗状的按钮。这个按钮是 PowerPoint 内置的筛选器，帮助用户根据某种标准
筛选当前类别中的联机图片。单击此按钮，会出现如图 6-33 所示的筛选条
件列表，单击目标筛选条件，即可完成筛选。

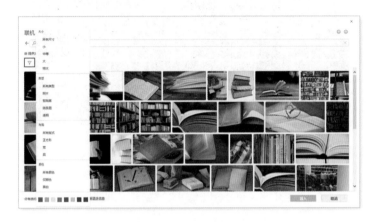

图 6-33　筛选条件列表

6.4.2　在 WPS 演示中获取联机图片

在 WPS 演示中，有两个途径可以进入获取联机图片的界面，如图 6-34
所示。

图 6-34　在 WPS 演示中获取联机图片的两个入口

在图 6-34 中，两种途径都提到要单击"图片"按钮的下拉箭头，原因和
在 PowerPoint 中获取联机图片时要单击"图片"按钮的下拉箭头一样：如果

不单击"图片"按钮的下拉箭头，直接单击"图片"按钮本身，会弹出【插入图片】对话框，让用户先定位已下载图片的存储位置，再双击插入图片，获取图片的方法与 6.1 节至 6.3 节介绍的获取图片的方法一致。

单击图 6-34 中任意一个"图片"按钮的下拉箭头后，会弹出如图 6-35 所示的联机图片列表。

图 6-35　WPS 演示中的联机图片列表

观察图 6-35 可以发现，WPS 演示也对联机图片进行了分类。单击类别行最右侧的黑色箭头，可以看到在图 6-35 中处于隐藏状态的"免费图片"分类。

将鼠标指针悬停在如图 6-35 所示的联机图片列表中，滚动鼠标滚轮下移页面，会发现可选的联机图片数量无比庞大。这些联机图片，是 WPS 演示依托 AI 技术将从互联网上获取的图片呈现在我们面前的。由此看来，与 PowerPoint 相比，WPS 演示的联机图片数量更可观。

有关图片的搜索和下载，就给大家介绍这些内容。

需要额外注意的是，使用互联网图片或其他互联网素材时，必须关注"版权"！大家一定要使用可免费商用的图片，规避后续的法律问题。

在本章的最后，为大家介绍两个拥有大量免费可商用的图片的网站，网站页面如图 6-36、图 6-37 所示。

图 6-36　Pexels 主页

图 6-37　pixabay 主页

本章介绍的各种图片搜索技巧，都可以在这两个网站中使用。请注意，搜索时一定要用英文关键词，中文是无法被识别的。

尤其是 Pexels，尽管图 6-36 显示的是它的中文主页，网站上也明确说明支持中文搜索，但试用后发现，它的中文搜索结果基本不可用——用中文关键词进行搜索，搜索出的结果经常和关键词没有任何关系。

第七章

优化文字样式，不如善用图片

在文字稿中穿插使用图片非常重要，因为图片可以帮助读者快速理解文字内容；在 PPT 中穿插使用图片更为重要，因为 PPT 主要用于展示，图片的存在会提高 PPT 页面的美观度，使之更为生动、形象。本章，为大家介绍如何处理 PPT 中的图片。

7.1 像使用 Photoshop 一样抠图

按照第六章介绍的方法获取可以使用的图片后，大家经常会碰到一个问题：图片带有背景或底色。

除非能够全屏使用，否则我们经常会被迫放弃使用这种图片，如图 7-1、图 7-2 所示。

图 7-1　带有背景或底色的图片（1）

图 7-2　带有背景或底色的图片（2）

观察图 7-1、图 7-2，我们可以发现，分辨率、尺寸都合格的图片，带着背景或底色使用，会影响 PPT 的页面效果。此时应该怎么办呢？难道必须打开 Photoshop 等专业的图形编辑软件完成抠图后才能继续制作 PPT 吗？

答案是否定的，完全不用那么麻烦。无论是使用 PowerPoint，还是使用 WPS 演示，我们都可以使用程序自带的功能完成快捷抠图。

7.1.1　在 PowerPoint 中抠图

我们可以用 PowerPoint 内置的"设置透明色"命令或"删除背景"功能达到抠图的目的。抠图处理后的图片效果如图 7-3、图 7-4 所示。

图 7-3　抠图处理后的图片效果（1）

图 7-4　抠图处理后的图片效果（2）

对比图 7-1 和图 7-3、图 7-2 和图 7-4，区别是不是非常明显？接下来，我们就来学习"设置透明色"这一命令的使用方法。

首先，选择一张带底色的图片，如图 7-5 所示。

图 7-5　带底色的图片

然后，先切换至"图片格式"选项卡，再单击"颜色"按钮的下拉箭头，并在弹出的二级菜单中选择倒数第 2 项"设置透明色"命令，如图 7-6 所示。

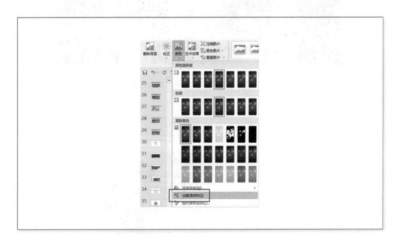

图 7-6　选择"设置透明色"命令

选择"设置透明色"命令后，鼠标指针会变成如图 7-7 所示的状态。

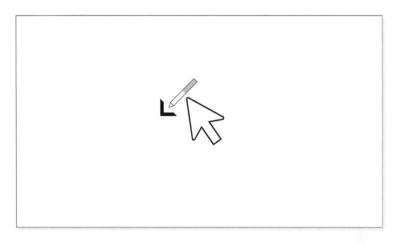

图 7-7　选择"设置透明色"命令后，鼠标指针的状态

最后，将鼠标指针移动到需要设置为透明色的地方，如图 7-5 中手机外的一圈白边处，单击，即可消除这圈白边，图片变为如图 7-8 所示的效果。

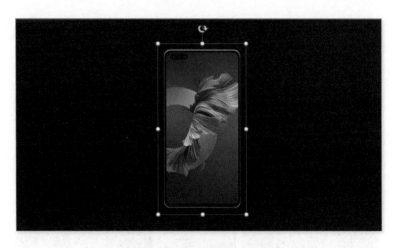

图 7-8　设置透明色后的效果

怎么样，是不是非常简单？

不过，"设置透明色"这个命令的使用环境有比较大的局限性：它要求用户想设置为透明色的区域必须是纯色的，否则设置效果不佳。甚至有的时候，某个区域由极其相近的颜色构成，肉眼看上去认为是纯色的，程序也会

精确地识别出颜色的微小差异，导致使用该命令的效果大打折扣。

针对这一问题，PowerPoint 提供了一个新的去除背景色的功能："删除背景"功能。"删除背景"功能的按钮如图 7-9 所示。

图 7-9　"删除背景"按钮

使用"删除背景"功能前，我们把图 7-5 中的白色背景变更为白灰渐变背景，如图 7-10 所示。

图 7-10　变更背景

选择图片，先切换至"图片格式"选项卡，再单击"删除背景"按钮，图片本身、程序界面的变化如图 7-11 所示。

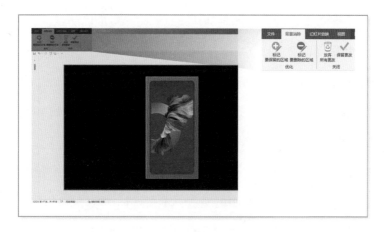

图 7-11　图片及程序界面的变化

　　工具栏中出现"标记要保留的区域""标记要删除的区域"等命令按钮，单击"标记要保留的区域"按钮，鼠标指针会变成一支倾斜的笔的样式，按住鼠标左键并拖动鼠标，在图片中的紫色区域画几笔，即可标记要保留的区域，如图 7-12 所示。

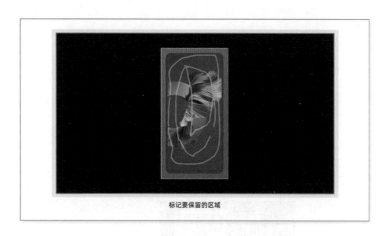

图 7-12　标记要保留的区域

　　出现如图 7-12 所示的绿色笔画后，松开鼠标左键，程序界面会自动出现抠图结果，对结果满意则单击图 7-11 中右上角的"保留更改"按钮，或者单击图片外任意空白处，即可完成抠图操作；如果对结果不满意，可以重复上述步骤，仔细控制鼠标指针的移动轨迹，画出比较准确的绿色线条。

抠取人物图像时，这个方法同样适用。比如，面对人物风景照片，可以使用这个方法，把人物图像从风景中抠出来。这时，对鼠标指针的精确移动有比较高的要求，移动轨迹一定要特别准确，才能获得比较理想的抠图效果。从这个角度讲，使用一个灵敏的鼠标是非常必要的。

在"标记要保留的区域"和"标记要删除的区域"两个按钮之间，我们可以酌情选择。比如，针对刚刚的实例，单击"标记要删除的区域"按钮后进行操作会更为方便，因为实例中仅有一圈白边需要被删除，所占的面积比较小。

7.1.2 在 WPS 演示中抠图

在 WPS 演示中，选择图片后，系统会自动切换至"图片工具"选项卡（这一点，WPS 演示比 PowerPoint 做得好，在 PowerPoint 中，需要用户手动切换至"图片格式"选项卡）。WPS 演示的"图片工具"选项卡中有两个用于执行抠图操作的按钮，分别是"抠除背景"按钮和"设置透明色"按钮，如图 7-13 所示。

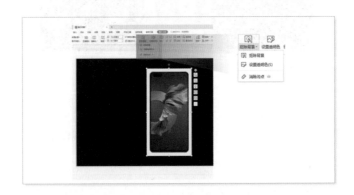

图 7-13　WPS 演示中相关按钮的位置

以与图 7-5 中的图片相同的图片为例，单击"抠除背景"按钮的下拉箭头，在弹出的下拉列表中选择"设置透明色"命令，鼠标指针会变为和图 7-7 中的样式非常接近的样式。在图片中手机周围的任意白边处单击，即可将当前背景色设为透明色，如图 7-14 所示。

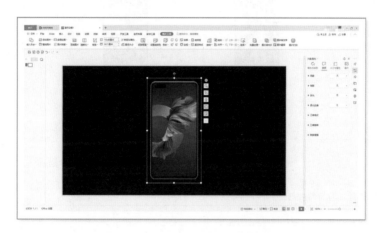

图 7-14　在 WPS 演示中执行"设置透明色"命令

对于与图 7-10 中的图片类似的图片，即背景色不是纯色的图片来说，想要完成抠图操作，需要使用"抠除背景"功能，如图 7-15 所示。

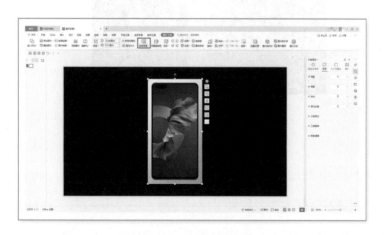

图 7-15　"抠除背景"按钮

单击"抠除背景"按钮，会弹出如图 7-16 所示的【智能抠图】窗口（直接单击"抠除背景"按钮，不要单击按钮的下拉箭头）。

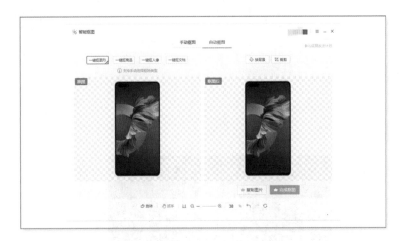

图 7-16　单击"抠除背景"按钮后，将在新窗口中自动抠图

如果抠图效果满足需求，单击"完成抠图"按钮即可，效果如图 7-17 所示。

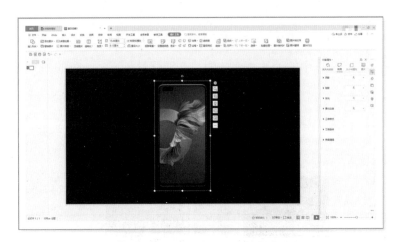

图 7-17　"抠除背景"后的效果

在图 7-16 中，大家可以看到"手动抠图"和"自动抠图"两个选项，默认状态下为"自动抠图"，如果用户有更细致的操作需求，可以切换至"手动抠图"，操作步骤和前文讲述的在 PowerPoint 中单击"删除背景"按钮后的操作步骤基本一致（参考图 7-11、图 7-12）。不过，"自动抠图"非常智能，

大多数情况下能够满足日常使用要求。

在图 7–16 中，右下角的"完成抠图"按钮中，文字前方有一个皇冠图标，说明这是只有 WPS 稻壳会员才能使用的功能。

既然是会员功能，意味着需要花钱充值才可以使用。有没有免费的方法可以完成同样的操作呢？

当然有！我们可以借助相关网站完成同样的操作，比如"创客贴"，网站界面如图 7–18 所示。

图 7–18   "创客贴"网站首页

单击图 7–18 中红框内的"智能抠图"按钮，即可进入如图 7–19 所示的页面。

图 7–19   创客贴"智能抠图"主页

单击图 7-19 中的"上传图片"按钮，选择目标图片后，会出现如图 7-20 所示的页面。

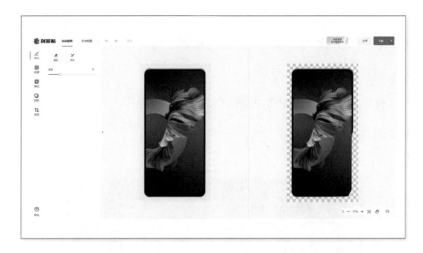

图 7-20   创客贴"智能抠图"结果页面

在如图 7-20 所示的页面中，右侧是抠图结果。如果觉得右侧图满足需求，可以单击界面右上角的"下载"按钮进行图片下载。请注意，该网站仅支持普通用户（非会员）每日免费抠图并下载 3 张图片，如图 7-21 所示。

图 7-21   创客贴普通用户（非会员）每日可免费抠图并下载 3 张图片

不过，现在有很多类似的网站支持智能抠图操作，效果都不错。如果创客贴每日 3 张图片的抠图并下载额度不够用，大家可以使用其他网站完成同类工作。

7.2 在屏幕上动"剪刀"

7.2.1 第一把"剪刀"：形状裁剪

搜索、下载、处理图片后，就可以把图片插入 PPT 页面中使用了。例如，我们需要做一份工作总结，搜索、下载得到了一张如图 7-22 所示的建筑物图片，想作为 PPT 封面使用。

图 7-22 搜索、下载得到的建筑物图片

通常情况下，PPT 制作者会把这张图片居左或居右放置在页面的一侧，同时在另一侧配上文字，效果如图 7-23、图 7-24 所示。

图 7-23　文字在左、图片在右

图 7-24　图片在左、文字在右

　　这样处理没有问题，但不够美观，现在我们发散一下，如果想让图片在下，文字在上，应该怎样摆放呢？

　　将图片向下移动，在上方留出足够的空间后，按住 Shift 键的同时按住鼠标左键拖动图片任意一角，等比放大图片，使其宽度与页面宽度一致，如图 7-25 所示。

图 7-25　下移图片，并等比放大图片，使其与页面等宽

可以看到，调整图片宽度至与页面宽度一致后，有一部分图片位于画布之外。为了正常制作 PPT 页面，我们需要裁去画布之外的图片。如何操作呢？给大家介绍一个功能，叫作"裁剪"。

在 PowerPoint 中，选择图片后，切换至"图片格式"选项卡，即可看到"裁剪"按钮，如图 7-26 所示。

图 7-26　"裁剪"按钮所在位置

单击图 7-26 中的"裁剪"按钮（不要单击按钮的下拉箭头），图片的左上角、上边缘中间、右上角等共计 8 个位置，会出现黑色的调节柄，界面变化如图 7-27 所示。

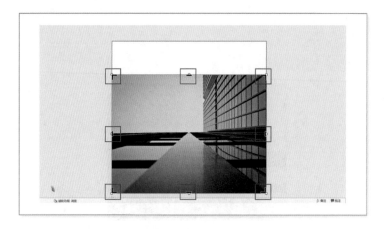

图 7-27　单击"裁剪"按钮，图片四周出现调节柄

向上拖动下边缘中间的调节柄，即可裁剪图片的下半部分。

将图片裁剪到合适状态后，在页面中任意空白处单击鼠标，即可退出图片裁剪状态。添加文字后，可以得到如图 7-28 所示的页面。

图 7-28　裁剪图片并添加文字

这种裁剪操作虽便捷，但无法改变图片形状，图片依然是矩形的。如果我们想将矩形图片裁剪成其他形状的图片，是否可以实现呢？

别忘了，图 7-26 中的"裁剪"按钮中有一个下拉箭头，这个下拉箭头是干什么用的呢？我们这就来看一看。

单击"裁剪"按钮的下拉箭头，会弹出一个二级菜单，选择二级菜单中的"裁剪为形状"命令，会弹出如图 7-29 所示的三级菜单。

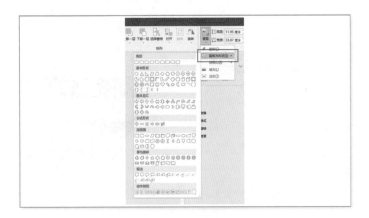

图 7-29 "裁剪"功能中的各级命令

可以发现，如图 7-29 所示的三级菜单中的形状，其实就是 PPT 中常见的形状。那么，这个三级菜单在"裁剪"环节有什么用？

我们选择一个形状，比如，"基本形状"中第 1 行第 8 个形状——六边形，则图片会呈现如图 7-30 所示的效果。

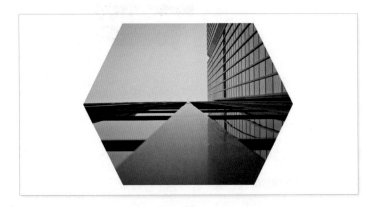

图 7-30 选择六边形后图片的效果

这就是"裁剪为形状"命令的作用：选择某个形状后，原图片会自动按这个形状完成裁剪，方便用户制作特殊效果的图片。将矩形图片裁剪为六边形图片后，放置在页面右侧，则 PPT 封面可以变为如图 7-31 所示的效果。

图 7-31　将矩形图片裁剪为六边形图片后用作封面配图的效果

有读者可能会问：六边形图片左侧的钝角装饰线条是如何添加的？我们看一看带装饰线条的完整图片，如图 7-32 所示。

图 7-32　带装饰线条的完整图片

这种效果制作起来很简单，插入一个六边形形状，调整至合适位置后，设置该六边形形状的边框颜色、宽度，并将"填充"设置为"无填充"即可。

以上操作都是在 PowerPoint 中完成的，下面，我们看看在 WPS 演示中如何操作。

在 WPS 演示中使用"裁剪"功能，同样能找到独立的按钮，其在"图片工具"选项卡中的位置如图 7-33 所示。

图 7-33　WPS 演示中"裁剪"按钮的位置

选择图片后，单击"裁剪"按钮（不要单击按钮的下拉箭头），界面变化如图 7-34 所示。

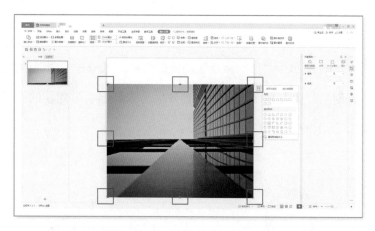

图 7-34　在 WPS 演示中单击"裁剪"按钮后的界面

和在 PowerPoint 中单击"裁剪"按钮后一样，图片四周也会出现 8 个调节柄，用于调节图片大小。

观察图 7-34，我们可以发现，使用 WPS 演示裁剪图片比使用 PowerPoint 裁剪图片更为方便。在 PowerPoint 中进行"裁剪为形状"操作时，需要多单击几下鼠标，才能唤出对应命令；而在 WPS 演示中，单击"裁剪"按钮后，图片旁边即会弹出"按形状裁剪"的操作选项。

而且,WPS 演示中的"形状裁剪"功能有一个独特之处,单击"裁剪"按钮的下拉箭头,选择"稻壳创意裁剪"命令,会弹出如图 7-35 所示的三级菜单。

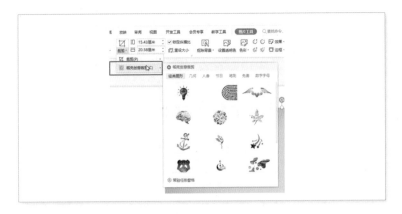

图 7-35　稻壳创意裁剪

这就是 WPS 演示中"形状裁剪"功能的独特之处——"稻壳创意裁剪"。选择"稻壳创意裁剪"命令,应用内置效果,如灯泡、带翅膀的心等,可得到如图 7-36 所示的图片效果。

图 7-36　"稻壳创意裁剪"的应用效果

这个功能给了大家更多可选择的裁剪选项,其效果完全可以用"惊艳"二字来形容!图 7-36 中展示的仅仅是众多效果中的两个效果而已,还有很多效果分类,如"几何""人像""节日"等,大家可自行尝试。

7.2.2 第二把"剪刀"："比例"裁剪

用图 7–29 中"裁剪为形状"命令中的某些形状，如"矩形"中的第 1 个
矩形，或"基本形状"中的第 1 个形状（椭圆形状），裁剪图 7–22 中的原图，
可以分别得到如图 7–37、图 7–38 所示的图片。

图 7–37 　"裁剪为形状"→"矩形"

图 7–38 　"裁剪为形状"→"椭圆"

有时，这样裁剪可能会遇到一个问题，即如果我们想要的是一个正方形
图片或者一个正圆形图片，图 7–37 和图 7–38 显然无法满足要求。这时，我
们应该怎么办？

可能有人会说，想要正方形图片？很好处理啊，手动调节就可以了。

确实可以手动调节，可是谁能保证调节得很准确？请看图 7-39，这是我在 PowerPoint 中目视、手动调节后的结果，我觉得已经是正方形图片了，但看界面右上角红框中的尺寸数据，还是有误差的。

图 7-39　手动调节为"正方形"图片

此时，"纵横比"命令（"比例裁剪"）就该登场了，如图 7-40 所示。

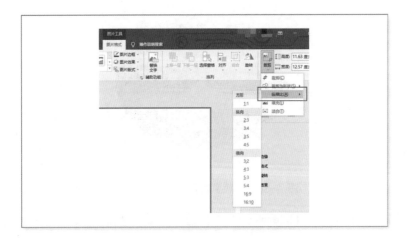

图 7-40　"纵横比"命令的位置

日常工作中，很多人习惯称这个操作为"比例裁剪"，但在 PowerPoint 中，这个命令的名字叫作"纵横比"命令。

我们的目标是将图片裁剪为正方形图片，那么，可以先选择"纵横比"命令，再在弹出的三级菜单中选择"1∶1"命令，如图 7-41 所示。

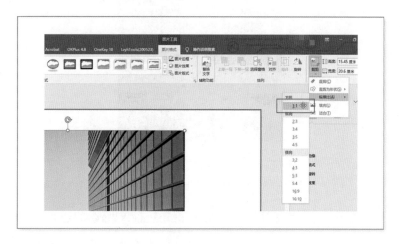

图 7-41　"纵横比"→"1∶1"

选择"1∶1"命令后，图片状态如图 7-42 所示。

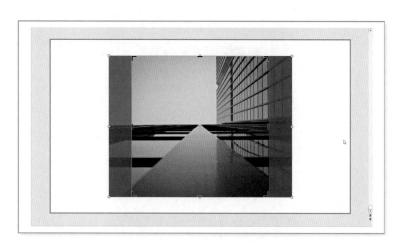

图 7-42　选择"1∶1"命令后的图片状态

单击图片外任意空白处，退出裁剪状态，界面如图 7-43 所示，得到形状为标准正方形的图片。

图 7-43　按"1：1"比例裁剪后的图片

需要将图片的形状裁剪为正圆形时，先按前文所述的逻辑，将原图裁剪为 1：1 的正方形图片，如图 7-43 所示，再单击"裁剪"按钮，依次选择"裁剪为形状"命令、"基本形状"中的第 1 个选项，即椭圆形状，如图 7-44 所示。

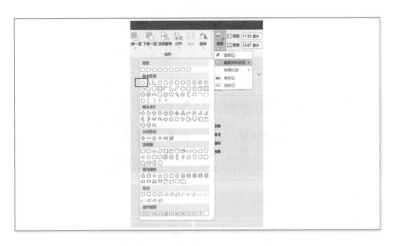

图 7-44　选择"裁剪为形状"命令→"基本形状"中的第 1 个选项

完成以上操作后，如图 7-43 所示的正方形图片就会变为正圆形图片了，如图 7-45 所示。

图 7-45　正圆形图片

这里面的逻辑是，选择"裁剪为形状"命令中的"椭圆"选项后，程序会按照原图的长宽比例进行形状裁剪，生成的椭圆形状的长宽比和原图的长宽比相同。所以，如果需要正圆形图片，在将图片裁剪为正方形图片的基础上选择"椭圆"选项即可。

以上操作都是在 PowerPoint 中完成的，下面，我们看看在 WPS 演示中如何操作。

在 WPS 演示中完成这一操作，操作逻辑与在 PowerPoint 中完成操作完全一致，只不过命令的位置不同。WPS 演示中"按比例裁剪"命令的位置如图 7-46 所示。

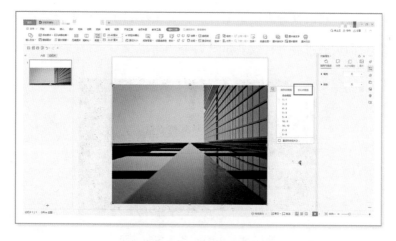

图 7-46　WPS 演示中"按比例裁剪"命令的位置

和"形状裁剪"类似，在 PowerPoint 中执行"纵横比"命令时，需要多单击几下鼠标，才能完成操作；而在 WPS 演示中，单击"裁剪"按钮后，图片旁边即会弹出"按比例裁剪"的操作选项。

7.2.3　第三把"剪刀"：单图复用

所谓"单图复用"，就是使用"裁剪"功能，裁剪一张图的不同部分用在不同页面中。

以具体例子来说明。例如，我们搜索、下载了一张如图 7-47 所示的图片。

图 7-47　原图

一般而言，获取这种高质量图片后，大多数 PPT 制作者会将其放大至全屏，用作封面页或过渡页，效果如图 7-48 所示。

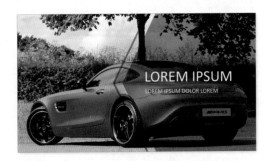

图 7-48　用作封面页或过渡页

裁剪不同部分的图片，能做出什么页面呢？我们试试裁剪车身中部靠下的部分，如图7-49所示。

图 7-49　裁剪车身中部靠下的部分

加上文字，可以制作一页轮胎广告 PPT，效果如图 7-50 所示。

图 7-50　轮胎广告 PPT

那么，裁剪车身中部靠上的部分，如图 7-51 所示，能做出什么页面呢？

图 7-51　裁剪车身中部靠上的部分

加上文字，可以制作一页汽车玻璃广告 PPT，效果如图 7-52 所示。

图 7-52　汽车玻璃广告 PPT

可以看到，这两张 PPT 所用图片和原图已经没有太大关系了。这说明了"单图复用"的作用：可以用一张图片做出不同页面，扩大图片的使用范围，避免反复花费精力寻找图片的麻烦。

日常工作中，"单图复用"有时候可以解决大问题。例如，当领导只给了一张图，而且交代做 PPT"只能使用这张图"时，或者因为各种原因，计算机无法上网、无法获取足够的图片资源时，"单图复用"可以救我们于水火之中。

比如，现在我们要使用且仅使用图 7-22 中的图片做一个工作汇报 PPT，将图片导入 PowerPoint 后的效果如图 7-53 所示。

图 7-53　将图片导入 PowerPoint

进行不同方式的裁剪，即可获得以下页面，如图 7-54、图 7-55、图 7-56、图 7-57、图 7-58、图 7-59 所示。

图 7-54　公司历史页

图 7-55　销售业绩分析页

图 7-56　成功要素分析页

图 7-57 管理层介绍页

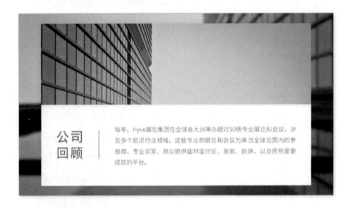

图 7-58 公司回顾页

图 7-59 企业责任页

这么多页面，内容各不相同，但有一个共性。什么共性？我们把这几个页面集中在一个页面中看一看，如图 7-60 所示。

图 7-60　六页合一

通过观察图 7-60，可以明显地看出来，整套 PPT 是属于同一个色系的，页面颜色搭配和谐、风格统一，没有突兀的感觉，看上去很舒服。

这一效果，实际上就是本书一直强调的"85 分 PPT"的具体体现。

这套 PPT 说不上惊艳，但绝对拿得出手，最关键的是，做出这种效果，我们并没有花费太多的精力、时间。这样做 PPT，才是我们应该追求的——效率与质量兼具。

"单图复用"只涉及"裁剪"操作，WPS 演示中的操作和 PowerPoint 中的操作完全一致，此处不再赘述，大家可自行尝试。

7.3 文字和图片"打架"，怎么处理？

7.3.1 使用"半透明蒙版"

在 PPT 页面中插入全屏状态的图片后，如果继续添加文字，很可能出现如图 7-61 所示的效果。

图 7-61　全屏图片 + 文字

在图 7-61 中，太阳过于明亮，导致基本看不清单词"thing"。这种图片效果影响文字阅读的情况，在制作 PPT 的过程中经常出现。

此时，大家可以尝试给 PPT 页面加一个半透明蒙版，把背景图片的亮度调低一些，或者说，使其变暗一些，从而突出文字，效果如图 7-62 所示。

图 7-62　给 PPT 页面添加半透明蒙版后的效果

此时，PPT 页面的图层排列顺序如图 7-63 所示。

图 7-63　PPT 页面的图层排列顺序

添加半透明蒙版的操作很简单。

首先，在 PPT 页面中添加全屏矩形为蒙版，设置填充色为黑色，如图 7-64
所示。

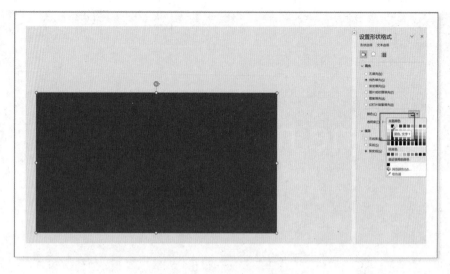

图 7-64　添加黑色全屏矩形

然后，调整蒙版的透明度和图层排列顺序，如图 7-65 所示。

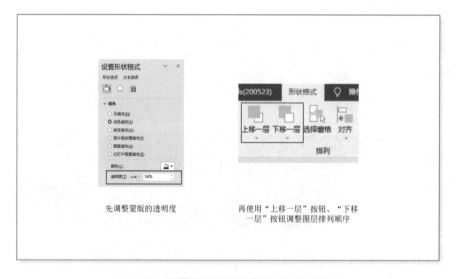

先调整蒙版的透明度　　　　　　再使用"上移一层"按钮、"下移一层"按钮调整图层排列顺序

图 7-65　调整蒙版的透明度和图层排列顺序

最后，调整完成，获得如图 7-62 所示的最终效果。

以上操作都是在 PowerPoint 中完成的，下面，我们看看在 WPS 演示中如何操作。

首先，导入图片、插入文字与蒙版（全屏矩形），并设置蒙版为黑色，如图 7-66 所示。

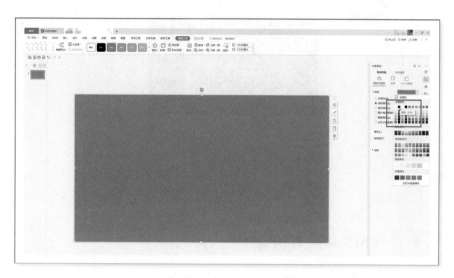

图 7-66　在 WPS 演示中添加图片、文字与黑色全屏矩形蒙版

然后，调整蒙版的透明度和图层排列顺序，如图 7-67 所示。

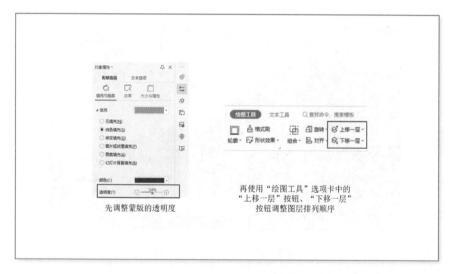

图 7-67　在 WPS 演示中调整蒙版的透明度和图层排列顺序

最后，调整完成，获得如图 7-68 所示的最终效果。

图 7-68　WPS 演示中的最终效果

7.3.2　使用"渐变蒙版"

在 7.3.1 小节的例子中，文字是居中的。还有一种情况，文字居于页面左侧或右侧，如图 7-69 所示。

图 7-69　文字居于页面右侧

观察图 7-69 可以发现，文字居于页面一侧时，同样可能遇到背景干扰文字，导致文字的可阅读性不强的情况。如果用 7.3.1 小节介绍的方法解决问题，给该图添加半透明蒙版，效果如图 7-70 所示。

图 7-70　添加半透明蒙版

这样操作后，文字的可阅读性确实提高了很多，但又出现了新问题：半透明蒙版的左侧边缘过于明显、生硬，以至于影响 PPT 页面的美观度。这该如何处理呢？

对于这个问题，我们可以通过添加"渐变蒙版"加以解决，即使用"设置形状格式"窗格中的"渐变填充"功能做渐变的"半透明蒙版"，如图 7-71 所示。

图 7-71　"设置形状格式"→"渐变填充"

设置"渐变填充"后的效果如图 7-72 所示。

图 7-72　设置"渐变填充"后的效果

设置"渐变填充"后，在文字的可阅读性得到保证的同时，和图 7-70 的效果相比，蒙版边缘和页面背景图很好地融合了，非常自然。

我们来看一看"渐变填充"的具体参数设置，如图 7-73 所示。

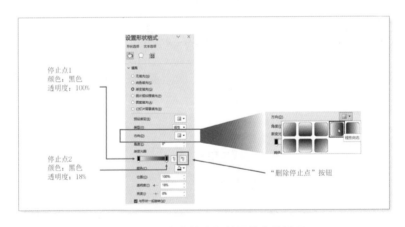

图 7-73　"渐变填充"的具体参数设置

设置要点一：设置"方向"为"线性向右"。

设置要点二："渐变光圈"处默认有 4 个停止点，分别选择其中 2 个停止点，按"删除停止点"按钮删除，只留 2 个停止点，一个放置在最左端（"位置"为"0%"），另一个放置在最右端（"位置"为"100%"），"颜色"

均设置为黑色，透明度分别设置为100%（最左端的停止点）和18%（最右端的停止点）。

设置完成后，如果蒙版左侧还是有边缘痕迹，再将蒙版向左拉动一些即可。

如此设置的逻辑是让蒙版一端的透明度为100%，另一端的透明度则较低，在两者之间形成渐变过渡效果。一方面，透明度为100%的一端完全透明，背景图片能够全部显示，解决了"半透明蒙版"边缘没有过渡、非常生硬的问题；另一方面，透明度较低的一端文字下出现了有颜色的背景层，提高了文字的可阅读性。

以上操作都是在PowerPoint中完成的，下面，我们看看在WPS演示中如何操作。

在WPS演示中，设置逻辑和设置步骤不变，选择蒙版后，按如图7-74所示的参数进行设置即可。

图7-74　WPS演示中的"渐变填充"设置参数

WPS演示中的"渐变填充"设置界面和PowerPoint中的"渐变填充"设置界面基本一致，唯一的不同之处是WPS演示中没有PowerPoint中的"方向"选项，取而代之的是"角度"选项。

7.4 使用常规图片，可以做出特殊效果吗？

到目前为止，我们所讲的图片处理方法都相对简单，或者说，相对缺少创意。本节，为大家介绍两个制作创意图片的功能，分别是"合并形状"功能和"文本转换"功能。

7.4.1 善用"合并形状"功能

所谓"合并形状"，指的是对 2 个或 2 个以上形状进行加减运算，是 PPT 制作中特有的说法。在很多专业设计类软件，比如，Adobe Photoshop、Adobe Illustrator 等软件中，也有类似的功能，但在这些专业性很强的软件中，类似的功能不叫"合并形状"，而叫"布尔运算"。

"合并形状"命令组中有 5 个子命令，分别是"结合""组合""拆分""相交"和"剪除"。在 PPT 中，同时选择 2 个及 2 个以上形状时，这 5 个子命令即会出现在"形状格式"选项卡的"合并形状"命令组中，如图 7-75 所示。

图 7-75 "合并形状"命令组中的 5 个命令

执行这 5 个子命令时，效果如图 7-76 所示。

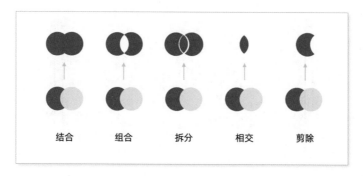

图 7-76　5 个子命令的执行效果

结合图 7-76，接下来，我用一张表格说明执行这 5 个子命令时的操作顺序，以及执行这 5 个子命令后的页面效果，见表 7-1。

表 7-1　执行"合并形状"命令组中 5 个子命令时的操作顺序和效果

	操作顺序	效果
结合	先单击深色圆，再在按住 Ctrl 键的同时单击浅色圆	两个圆合一
组合		两个圆合一，但两者重叠的部分被去除，仅保留两者的非重叠部分
拆分		两个圆被拆分为 3 个组成部分
相交		保留两者的重叠部分，去除两者的非重叠部分
剪除		去除两者的重叠部分，且去除浅色圆（后单击的形状）

需要注意的是，使用"合并形状"功能时，选择形状的先后顺序很重要，有时，不同的选择顺序，会带来完全相反的效果。

使用"合并形状"功能，可以做出很多奇妙的效果。

基本原理介绍完了，我们看看在实际工作中如何使用"合并形状"功能。

以一张计算机机箱俯视图为素材，如图 7-77 所示。

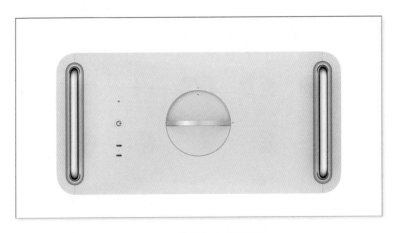

图 7-77　计算机机箱俯视图

计算机机箱俯视图的左右两侧是两个金属提手，方便用户提起机箱四处移动。需要在图中突出显示两个金属提手时，很多人会选择用红圈把提手标记出来，这是一种很粗浅的标记方法，效果一般。

我们可以使用 7.3 节介绍的方法，首先，为素材图添加一个全屏的半透明蒙版，如图 7-78 所示。

图 7-78　添加半透明蒙版

其次，分别在两个金属提手的位置添加无边框圆角矩形，如图 7-79 所示。

图 7-79　添加两个无边框圆角矩形

再次，先选择黑色半透明蒙版，再依次选择两个无边框圆角矩形（请务必注意选择顺序），切换至"形状格式"选项卡，单击"合并形状"按钮，选择"剪除"命令，如图 7-80 所示。

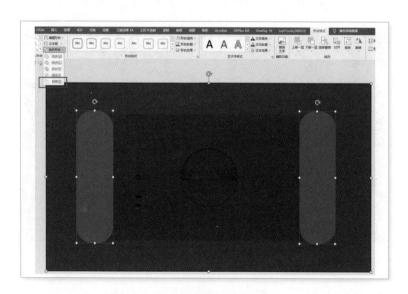

图 7-80　选择"剪除"命令

最后，得到如图 7-81 所示的效果。

图 7-81　"剪除"命令的执行效果

这样操作，等于在全屏的半透明蒙版上抠出两个空间，露出下层图片。由于有黑色半透明蒙版的存在，两个金属提手处的亮度明显高于被蒙版遮住的机箱本体，从而起到突出标记金属提手的作用。

再看一个例子，以一张无线键盘的图片为素材图，如图 7-82 所示。

图 7-82　无线键盘

添加一个深绿色圆角矩形，覆盖键盘第 1 行从右数第 8 个按键，如图 7-83 所示。

图 7-83　用圆角矩形覆盖一个按键

先依次单击键盘图片和圆角矩形，再单击"合并形状"按钮，选择"相交"命令，如图 7-84 所示。

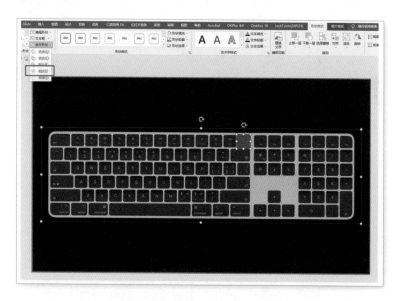

图 7-84　选择"相交"命令

执行操作后，得到被圆角矩形覆盖的按键的小图，将此小图放大后，重新导入键盘图片并将键盘图片下移，添加文字和图标，得到介绍键盘触控 ID 的页面，如图 7-85 所示。

图 7-85　最终页面效果

使用"合并形状"功能进行页面制作，效果确实不错吧？

以上操作都是在 PowerPoint 中完成的，下面，我们看看 WPS 演示中的相关操作界面。在 WPS 演示中，"合并形状"按钮的位置如图 7-86 所示。

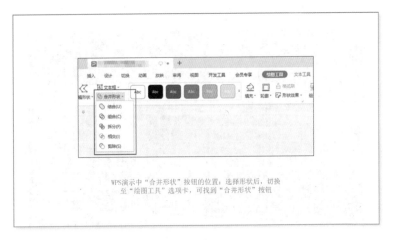

图 7-86　WPS 演示中"合并形状"按钮的位置

在 WPS 演示中，除了"合并形状"按钮的位置比较特殊，其余操作都和在 PowerPoint 中的操作相同。

7.4.2 善用"文本转换"功能

本小节为大家介绍最后一个图片处理功能："文本转换"功能。

可能有的读者会感到奇怪：既然是"图片处理功能"，为什么功能的名字中会出现"文本"二字？

这是一个好问题！解答之前，我们先来看看使用"文本转换"功能后的页面效果，如图 7-87、图 7-88 所示。

图 7-87 "文本转换"功能使用效果（1）

图 7-88 "文本转换"功能使用效果（2）

现在，我们来看看如何做出如图 7-87、图 7-88 所示的效果，以及该图片处理功能的名字中为什么会出现"文本"二字。

打开一个空白页面，在页面中插入一个文本框，输入若干减号，如图 7-89所示。

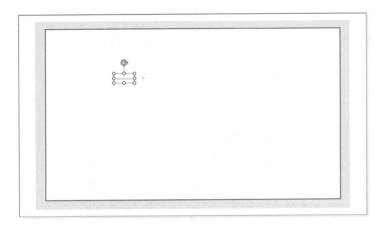

图 7-89　输入若干减号

完成输入后，选择此文本框，切换至"形状格式"选项卡，单击"文本效果"按钮，在弹出的二级菜单中选择"转换"命令，并选择三级菜单中的"波形：下"选项，如图 7-90 所示。

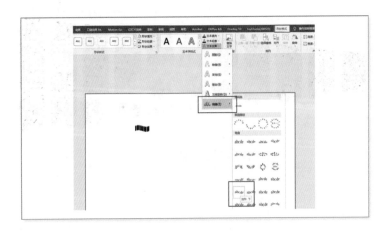

图 7-90　选择"波形：下"选项

完成操作后，原始文本框中的若干减号的效果如图 7-91 所示。

图 7-91　减号变化效果

拖动文本框，使文本框左上角与页面左上角对齐，并调整文本框的大小，使其横向铺满页面，如图 7-92 所示。

图 7-92　调整文本框的位置及大小

导入背景图片，使背景图片位于最下层，并调整背景图片的位置及文本框的位置，如图 7-93 所示。

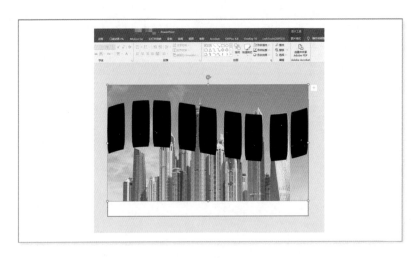

图 7-93　导入背景图片并调整背景图片和文本框的位置

选择背景图片后，在按住 Ctrl 键的同时单击文本框，使二者同时处于被选择状态，随后，切换至"形状格式"选项卡，单击"合并形状"按钮，在弹出的二级菜单中选择"相交"命令，获得如图 7-94 所示的效果。

图 7-94　合并形状后的效果

在页面中的空白位置输入所需要的文字，即可完成对最终效果的制作，如图 7-95 所示。

图 7-95　最终效果

至此，操作全部完成。为什么该功能的名字中有"文本"二字？因为使用这一功能，是从插入文本框并输入若干减号开始的。

如果有兴趣，大家可以自行尝试使用此方法制作如图 7-88 所示的效果。

以上操作都是在 PowerPoint 中完成的，下面，我们看看在 WPS 演示中如何操作。

在 WPS 演示中，同样可以做出上述效果。打开空白页面后，第一步是插入文本框并输入若干减号，如图 7-96 所示。

图 7-96　在 WPS 演示中输入若干减号

第二步，切换至"文本工具"选项卡，单击"文本效果"按钮，在弹出的二级菜单中选择"转换"命令，并选择三级菜单中的"波形 1"选项，如图 7-97 所示。

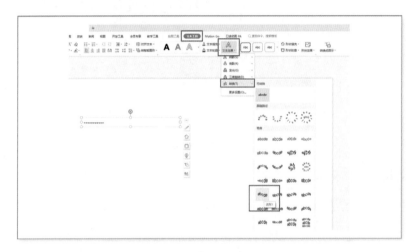

图 7-97 选择"波形 1"选项

完成操作后，页面效果如图 7-98 所示。

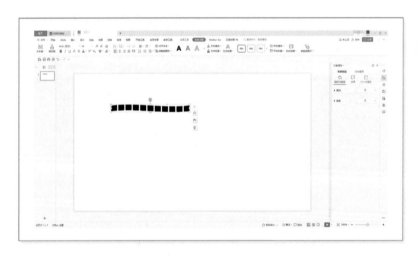

图 7-98 转换后的页面效果

第三步，先调整文本框的位置、大小，再插入背景图片，使背景图片位于最下层，并调整背景图片的位置。

第四步，先依次选择背景图片和文本框，使两者同时处于被选择状态，再切换至"绘图工具"选项卡，单击"合并形状"按钮，在弹出的二级菜单中选择"相交"命令，获得如图7-99所示的效果。

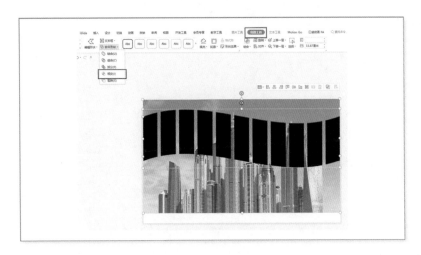

图 7-99　合并形状

合并形状后的效果如图7-100所示。

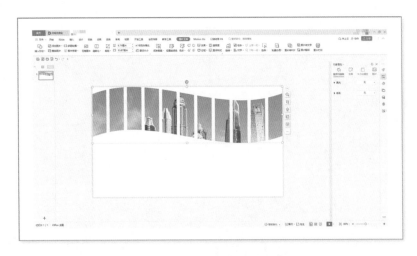

图 7-100　合并形状后的效果

　　最后，在页面中的空白位置输入所需要的文字，完成对最终效果的制作。最终效果如图 7-95 所示。

　　如果有兴趣，大家也可以自行尝试在 WPS 演示中使用此方法制作如图 7-88 所示的效果。

第八章

图标，
"身材"虽小，作用极大

在第七章中，我们学习了在PPT中处理图片的方法。制作PPT时，除了图片，还有一个利器可以迅速提高页面美观度，那就是图标。本章，我们聊聊PPT中图标的使用方法。

8.1 如何找到心仪的图标？
——WPS 演示内置图标库更丰富

图标和图片一样，也是制作 PPT 时的重要素材之一。制作 PPT 时，同一个页面中是否妥善地添加了图标，有时会带来截然不同的效果，如图 8-1 所示。

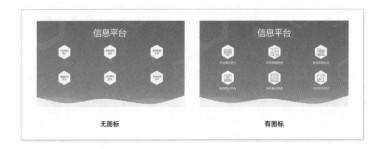

图 8-1　是否添加图标，效果截然不同

对于图标，大部分人并不陌生。如图 8-2 所示，生活中，图标随处可见。

图 8-2　生活中随处可见的图标

图标如此常见，使用这么频繁，我们如何在制作 PPT 的过程中获取并使用图标呢？

有些读者会下意识地认为，与获取图片一样，使用搜索引擎搜索并获取

图标最方便。我们来试一试，在搜索引擎中搜索"图标"，结果界面如图 8-3
所示。

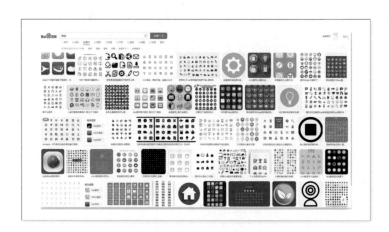

图 8-3　使用搜索引擎搜索"图标"

可以看到，使用搜索引擎搜索"图标"，得到的图标的质量是参差不齐的，
风格不符、放大后会模糊等问题，都是用户不得不关注的。而且，这些图标
有一个极严重的硬伤，如图 8-4 所示。

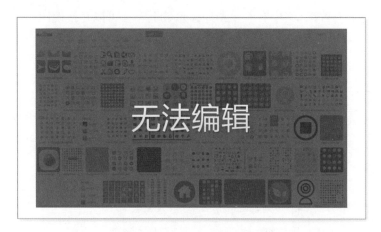

图 8-4　使用搜索引擎搜索得到的图标是无法编辑的

所谓"无法编辑"，是指使用搜索引擎搜索得到的图标大多是"*.jpg"
格式的图片，在 PPT 中无法编辑。在 PPT 中，可编辑的图标有其独特的文件格式，为"*.svg"，这种格式的图标是矢量图标，用户可以在 PPT 中随意修改其大小和颜色，修改后，图标的边缘不会模糊。

因此，我们需要专门了解一下在制作 PPT 的过程中如何获取图标。

在 PowerPoint 中，有程序自带的图标库，如图 8-5 所示。

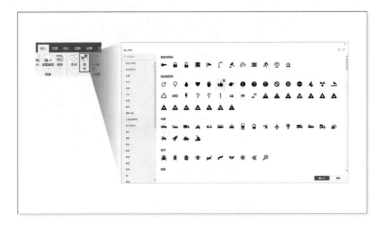

图 8-5　PowerPoint 图标库

切换至"插入"选项卡，单击"图标"按钮，会出现如图 8-5 中的右侧窗口所示的图标库，其中有若干图标，总数上百，可以直接使用。

在 WPS 演示中，也有程序自带的图标库，如图 8-6 所示。

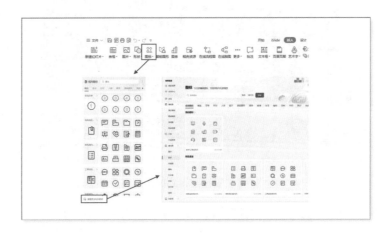

图 8-6　WPS 演示图标库

切换至"插入"选项卡，单击"图标"按钮，会出现如图 8-6 中的左下侧窗口所示的二级菜单，用于选择目标图标。如果该二级菜单中的图标无法满足需求，可以单击"查看更多稻壳图标"按钮，弹出如图 8-6 中的右下侧窗口所示的图标库，里面有海量图标供用户选择。

依托 AI 技术，WPS 演示图标库中的图标数量远大于 PowerPoint 图标库中的图标数量，用户的选择范围更广。

除了程序自带的图标库，用户还可以从提供免费商用图标的网站上下载图标，比如，阿里巴巴矢量图标库"iconfont"，该网站首页如图 8-7 所示。

图 8-7　阿里巴巴矢量图标库"iconfont"首页

提供免费商用图标的网站有很多，大家可以自行开发。

 ## 8.2　如何为图标分类？

图标的分类方法有很多，比如，按照是否以线条为主要呈现形式，可以分为线性图标与面性图标；按照是否立体呈现，可以分为扁平图标与立体图标；按照呈现颜色的多少，可以分为单色图标与多色图标……线性图标、面性图标和扁平图标的实例分别如图 8-8、图 8-9、图 8-10 所示。

图 8-8　线性图标　　　　图 8-9　面性图标　　　　图 8-10　扁平图标

其实，图标的分类不是很重要，有些图标可以同时属于两个分类，甚至同时属于多个分类，分类之间是可以交叉的。例如，某图标既属于线性图标，又属于多色图标，那么完全可以归入"线性多色图标"类。

最关键的是这些图标怎么用，或者说，使用图标的原则、注意事项是什么。请看 8.3 节。

 如何使用图标为作品添彩？

使用图标为作品添彩有 4 个注意事项，分别为统一图标风格、统一图标大小、统一图标视觉效果，以及根据实际需要制作个性图标。接下来，我们逐一介绍。

8.3.1　统一图标风格

我们观察一下图 8-11 中的 3 个图标。

图 8-11　图标风格统一实例

图 8-11 中的 3 个图标都属于"面性图标"，风格是统一的，看起来非常协调、舒适，符合商务 PPT 的简洁、大方、美观的要求。

接下来，我们观察一下图 8-12、图 8-13 中的图标。

图 8-12　图标风格混乱实例（1）　　图 8-13　图标风格混乱实例（2）

图 8-12 中的 3 个图标分别属于线性图标、面性图标、写实风格图标，看上去极不协调；图 8-13 中的 3 个图标稍微好一些，前两个都是线性图标，但最后一个使用了面性图标，影响了整个页面的和谐。

直观感受了这种明显的对比后，大家应该了解统一图标风格的重要性了。

8.3.2　统一图标大小

除了图标风格要统一，在绝大多数情况下，我们还要尽量保持图标大小的统一。图标大小是否统一对页面美观程度的影响，大家可以通过观察图

8-14、图 8-15 得知。

图 8-14　图标大小不统一的效果

图 8-15　图标大小统一的效果

在图 8-14 和图 8-15 中，我特意添加了虚线作为提示线。很明显，图 8-14 中的几个图标大小参差，有种"逼疯强迫症"的不友好，图 8-15 中的图标大小则完全一致，非常和谐。

8.3.3 统一图标视觉效果

在实际工作中，我们还可能遇到一种情况，即图标的风格是一致的，但是各个图标的轮廓、造型各有特色，就算已调整为一样的大小，还是会有不太协调的视觉感受。这时，有一种方法非常好用，即在所有图标的外缘添加统一的形状，使图标的视觉效果更为协调。各有特色的图标的外缘有无统一形状对页面美观程度的影响，大家可以通过观察图8-16、图8-17得知。

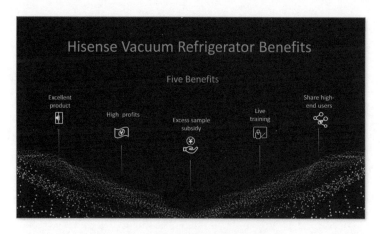

图 8-16　图标外缘各有特色的效果

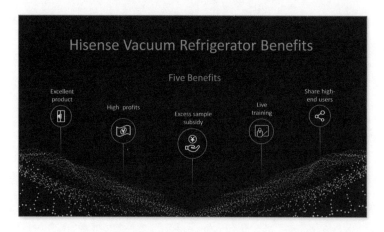

图 8-17　在各有特色的图标的外缘添加统一形状后的效果

在图 8-17 中，我还做了一个设计，即虽然统一为图标添加了圆形，但圆形大小不一，按照视觉呈现规律，近处的圆形大一些，远处的圆形小一些，统一中带着活泼与俏皮，使页面规整又灵活。

由此可见，"统一"并不是绝对统一，只要做到相对统一、不显凌乱即可。大家可以发挥主观能动性，将页面设计得更为好看。

8.3.4　制作个性图标

使用程序自带的图标库中的图标，很容易"撞衫"，如果想制作有个人特色的图标，可以实现吗？可以的！不管是在 PowerPoint 中，还是在 WPS 演示中，用户都可以更改图标的颜色。

举例说明，在 PowerPoint 中打开一个空白页面，选择程序图标库中的目标图标插入页面，如图 8-18 所示。

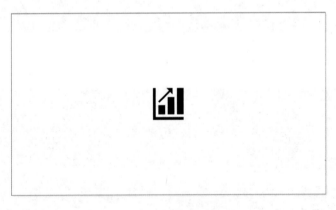

图 8-18　插入程序图标库中的图标

选择刚刚插入的图标，切换至"图形格式"选项卡，单击"图形填充"按钮，在弹出的二级菜单中选择需要的颜色，如图 8-19 所示。

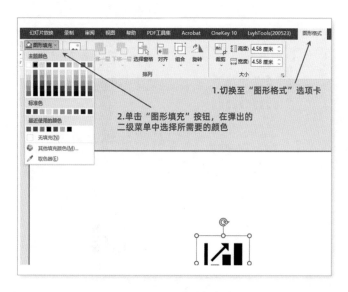

图 8-19　更改图标颜色

完成以上操作，即可获得一个更改颜色后的图标，如图 8-20 所示。

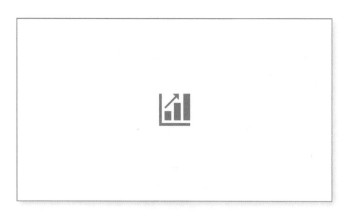

图 8-20　改色后图标

以上操作都是在 PowerPoint 中完成的，下面，我们看看在 WPS 演示中如何操作。

在 WPS 演示中打开一个空白页面，选择程序图标库中的目标图标插入页面后，切换至"图形工具"选项卡，单击"图形填充"按钮，在弹出的二级菜单中选择需要的颜色，如图 8-21 所示，即可完成更改图标颜色的操作。

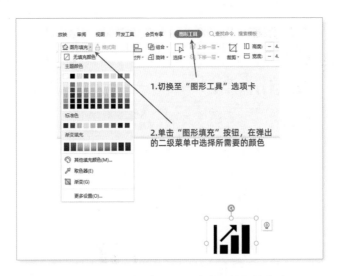

图 8-21　在 WPS 演示中更改图标颜色的方法

以上介绍的是整体更改图标颜色的方法，接下来，我们看看如何局部更改图标的颜色。

在 PowerPoint 中，选择图标后右击鼠标，在弹出的二级菜单中选择"组合"命令，随后选择三级菜单中的"取消组合"命令，即可打开【Microsoft PowerPoint】对话框，将图标转换为图形对象（按"Ctrl+Shift+G"快捷键，也可打开【Microsoft PowerPoint】对话框），如图 8-22 所示。

图 8-22　局部改色第一步操作

在【Microsoft PowerPoint】对话框中单击"是"按钮，图标会发生如图 8-23 所示的变化。

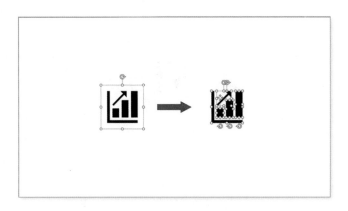

图 8-23　将图标转换为图形对象后的效果

由此可见，将图标转换为图形对象后，图形对象会被自动拆分为若干个形状，且每个形状都处于被选择状态。

单击选择目标形状，切换至"形状格式"选项卡，单击"形状填充"按钮，并在弹出的二级菜单中选择所需要的颜色，如图 8-24 所示。

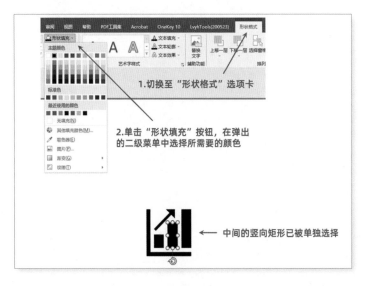

图 8-24　局部改色第二步操作

完成操作后，即可得到如图 8-25 所示的图标。

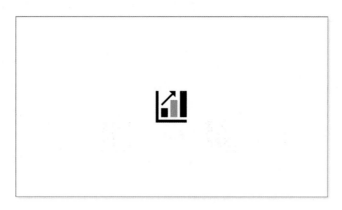

图 8-25　局部改色结果

需要注意的是，对图标进行"局部改色"的操作目前只能在 PowerPoint 中实现，WPS 演示中没有这个功能。只能进行整体改色，不得不说是 WPS 演示程序设计的一个遗憾。

PPT

Part

04

第四部分

图表与联动

第九章

让图表
好懂、好看、好做、好用

在工作型 PPT 中，图表是常见的元素，对其进行适度美化，有时能高效地提高 PPT 的"颜值"。本章将介绍 4 种图表的美化操作，分别为普通数据表、柱形图、饼图、折线图。

9.1 普通数据表，如何展示更直观？

从 Excel 中复制表格直接粘贴到 PPT 中，一般会得到如图 9-1 所示的页面。

年度销售数据汇总

产品名称	20XX年(台)	20XX年(台)	变化率	20XX年(千元)	20XX年(千元)	变化率
产品A	3,453	3,561	3.13%	17,265	17,888	3.61%
产品B	3,017	3,214	6.53%	15,728	16,758	6.55%
产品C	2,415	2,489	3.06%	13,551	14,096	4.02%
产品D	2,119	1,785	-15.76%	12,305	10,987	-10.71%
产品E	1,145	1,037	-9.43%	6,924	6,371	-7.99%
产品F	917	1,002	9.27%	6,436	7,094	10.22%
汇总	13,066	13,088	0.17%	72,209	73,194	1.36%

图 9-1　从 Excel 中复制表格直接粘贴到 PPT 中

从标题、内容上看，如图 9-1 所示的表格没什么问题，比较完备，但从
"美观"角度出发，该表格的缺点就太多了，至少有以下 4 个问题。

问题一：行高不一致。

问题二：列宽不一致。

问题三：对齐方式不一致。在水平方向上，有的单元格内容左对齐，有
的单元格内容右对齐；在垂直方向上，有的单元格内容居中，有的单元格内
容居上。

问题四：表格整体由黑色边框和黑色文字组成，放在 PPT 页面中，视觉
上有过于素净之感。这种仅用黑色的表格放在 Excel 中是没有问题的，甚至
是完美的，但是放在 PPT 页面中，视觉上不够丰富，呈现效果较差。

针对以上 4 个问题，我们可以做如下修改。

在 PowerPoint 中选择表格，自动切换至"布局"选项卡，依次单击"分布行"按钮和"分布列"按钮，如图 9-2 所示，调整行高和列宽，使行高、列宽统一。

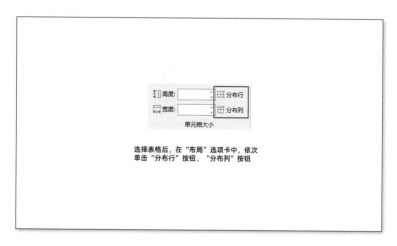

图 9-2　调整行高和列宽

调整后，表格如图 9-3 所示。

产品名称	20XX年(台)	20XX年(台)	变化率	20XX年(千元)	20XX年(千元)	变化率
产品A	3,453	3,561	3.13%	17,265	17,888	3.61%
产品B	3,017	3,214	6.53%	15,728	16,758	6.55%
产品C	2,415	2,489	3.06%	13,551	14,096	4.02%
产品D	2,119	1,785	-15.76%	12,305	10,987	-10.71%
产品E	1,145	1,037	-9.43%	6,924	6,371	-7.99%
产品F	917	1,002	9.27%	6,436	7,094	10.22%
汇总	13,066	13,088	0.17%	72,209	73,194	1.36%

年度销售数据汇总

图 9-3　调整行高和列宽的结果

对比图 9-3 和图 9-1 中的表格，先不说美观程度上优化了多少，最起码看上去整齐了很多。

随后，选择表格，调整每个单元格内容的横向居中和纵向居中，如图 9-4 所示。

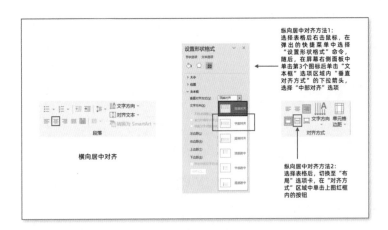

图 9-4　调整单元格内容为横向居中、纵向居中

调整后，表格如图 9-5 所示。

年度销售数据汇总

产品名称	20XX年(台)	20XX年(台)	变化率	20XX年(千元)	20XX年(千元)	变化率
产品A	3,453	3,561	3.13%	17,265	17,888	3.61%
产品B	3,017	3,214	6.53%	15,728	16,758	6.55%
产品C	2,415	2,489	3.06%	13,551	14,096	4.02%
产品D	2,119	1,785	-15.76%	12,305	10,987	-10.71%
产品E	1,145	1,037	-9.43%	6,924	6,371	-7.99%
产品F	917	1,002	9.27%	6,436	7,094	10.22%
汇总	13,066	13,088	0.17%	72,209	73,194	1.36%

图 9-5　调整单元格内容为横向居中、纵向居中后的效果

经过调整，表格更加整齐了，4 个问题中的前 3 个问题已解决。

下面，我们着手解决第 4 个问题，对表格进行美化。

PowerPoint 内置大量表格样式，选择表格后，自动切换至"表设计"选项卡，选择目标样式即可快速套用，如图 9-6 所示。

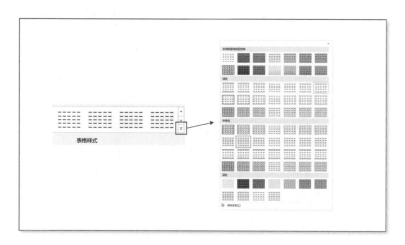

图 9-6　快速套用内置表格样式

例如，选择"浅色"部分第 1 行第 2 个表格样式，效果如图 9-7 所示。

年度销售数据汇总

产品名称	20XX年(台)	20XX年(台)	变化率	20XX年(千元)	20XX年(千元)	变化率
产品A	3,453	3,561	3.13%	17,265	17,888	3.61%
产品B	3,017	3,214	6.53%	15,728	16,758	6.55%
产品C	2,415	2,489	3.06%	13,551	14,096	4.02%
产品D	2,119	1,785	-15.76%	12,305	10,987	-10.71%
产品E	1,145	1,037	-9.43%	6,924	6,371	-7.99%
产品F	917	1,002	9.27%	6,436	7,094	10.22%
汇总	13,066	13,088	0.17%	72,209	73,194	1.36%

图 9-7　套用内置表格样式的效果

不过，套用内置表格样式后，整体效果还是一般，PPT 页面的视觉丰富度还是不够。这时，该如何处理呢？

我们弃用内置表格样式，完全手动调整试试看。

完全手动调整表格样式，需要用到的按钮均在"表设计"选项卡中，如图 9-8 所示。

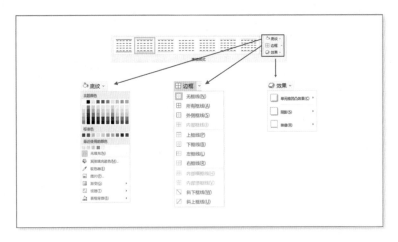

图 9-8　手动调整表格样式时会用到的按钮

着手调整表格样式时，先单击表格第 1 行第 1 个单元格，将闪烁的光标定位在该单元格内，再按住鼠标左键向右拖动，选择第 1 行所有文字。随后，在如图 9-8 所示的"底纹"二级菜单中选择一个背景色，更改表格第 1 行的底纹颜色。完成以上操作后，表格效果如图 9-9 所示。

年度销售数据汇总

产品名称	20XX年(台)	20XX年(台)	变化率	20XX年(千元)	20XX年(千元)	变化率
产品A	3,453	3,561	3.13%	17,265	17,888	3.61%
产品B	3,017	3,214	6.53%	15,728	16,758	6.55%
产品C	2,415	2,489	3.06%	13,551	14,096	4.02%
产品D	2,119	1,785	-15.76%	12,305	10,987	-10.71%
产品E	1,145	1,037	-9.43%	6,924	6,371	-7.99%
产品F	917	1,002	9.27%	6,436	7,094	10.22%
汇总	13,066	13,088	0.17%	72,209	73,194	1.36%

图 9-9　更改表格第 1 行的底纹颜色

同理，跨行选择表格其余行，美化后的底纹颜色（第 1 行是标题行，其余行可以换用比标题行的颜色浅的颜色），美化后的表格如图 9-10 所示。

年度销售数据汇总

产品名称	20XX年(台)	20XX年(台)	变化率	20XX年(千元)	20XX年(千元)	变化率
产品A	3,453	3,561	3.13%	17,265	17,888	3.61%
产品B	3,017	3,214	6.53%	15,728	16,758	6.55%
产品C	2,415	2,489	3.06%	13,551	14,096	4.02%
产品D	2,119	1,785	-15.76%	12,305	10,987	-10.71%
产品E	1,145	1,037	-9.43%	6,924	6,371	-7.99%
产品F	917	1,002	9.27%	6,436	7,094	10.22%
汇总	13,066	13,088	0.17%	72,209	73,194	1.36%

图 9-10　更改部分正文行的底纹颜色

这种美化方式经常用在表格美化中，美化效果较明显。强调某些行或列，可以有效吸引目标受众的视线。

再进一步，我们可以制作更为新奇的效果。

让表格退回到如图 9-5 所示的状态，选择表格后，先单击图 9-8 中的"边框"按钮的下拉箭头，再在弹出的二级菜单中选择"无框线"命令，取消表格的所有外框和内框。随后，选择表格第 1 行，先单击图 9-8 中的"底纹"按钮的下拉箭头，再在弹出的二级菜单中选择"无填充"命令，将第 1 行背景色更改为透明（将第 1 行背景色更改为透明的目的是显示随后添加的形状），完成设置后的效果如图 9-11 所示。

年度销售数据汇总

产品名称	20XX年(台)	20XX年(台)	变化率	20XX年(千元)	20XX年(千元)	变化率
产品A	3,453	3,561	3.13%	17,265	17,888	3.61%
产品B	3,017	3,214	6.53%	15,728	16,758	6.55%
产品C	2,415	2,489	3.06%	13,551	14,096	4.02%
产品D	2,119	1,785	-15.76%	12,305	10,987	-10.71%
产品E	1,145	1,037	-9.43%	6,924	6,371	-7.99%
产品F	917	1,002	9.27%	6,436	7,094	10.22%
汇总	13,066	13,088	0.17%	72,209	73,194	1.36%

图 9-11　取消显示表格所有边框，并更改第 1 行底色为透明

插入"矩形:圆顶角"形状,设置其宽度等于表格宽度,如图 9-12 所示。

图 9-12　插入"矩形:圆顶角"形状

调整"矩形:圆顶角"形状的高度,设置其高度等于标题行高度,并将该形状调整至最下层。随后,更改标题行文字的颜色为白色,并跨行更改各行背景色,完成设置后的效果如图 9-13 所示。

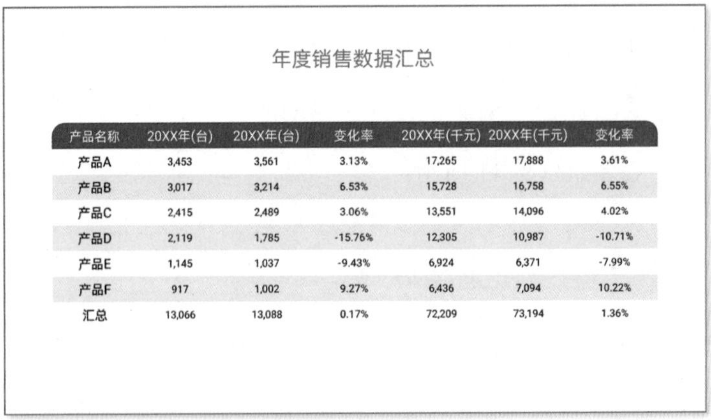

图 9-13　新奇的标题行效果

该效果是不是非常不错?

如果需要进一步突出表格中的某一行或某一列,除了设置该行或该列文字的颜色和字号(设置该行或该列文字的颜色和其他行或列文字的颜色不同,或者设置该行或该列文字的字号大于其他行或列文字的字号），还有一种效果更棒的设置方法。

以突出显示表格中的某一列为例。

选择目标列，按"Ctrl+C"快捷键复制，随后，先单击表格外任意区域，再按"Ctrl+V"快捷键粘贴，使目标列内容单独出现，如图9-14所示。

图9-14　单独复制并粘贴目标列

更改复制并粘贴出来的目标列的底纹颜色、取消边框、更改文字颜色，并扩大这一列的面积，如图9-15所示。

图9-15　单独调整复制并粘贴出来的目标列

完成调整后，将目标列移动至原始列的上层，覆盖原始列，即完成了突出目标列的操作，效果如图 9-16 所示。

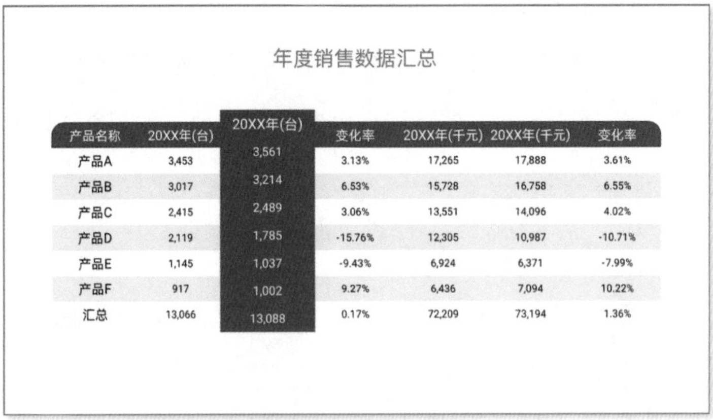

图 9-16　使调整后的目标列覆盖原始列

此外，我们还可以为 PPT 中的表格添加更多有趣的效果，例如，添加背景图，并在背景图上添加半透明蒙版，放置表格标题；添加圆角矩形，并为圆角矩形设置阴影效果，作为表格的衬底等，如图 9-17 所示。

图 9-17　为 PPT 中的表格添加更多有趣的效果

以上操作都是在 PowerPoint 中完成的，下面，我们看看在 WPS 演示中如何完成类似操作，并比较两者的异同。

在 WPS 演示中，操作逻辑和操作方法与在 PowerPoint 中完成操作完全相同，不同点主要有以下两个。

第一，功能按钮的具体位置和名字不同（作用相同），如图 9-18 所示。

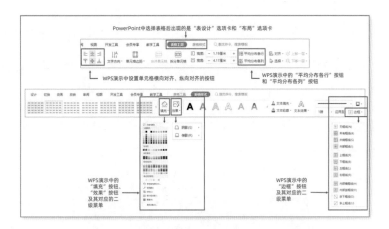

图 9-18　WPS 演示中相关功能按钮的位置和名字

第二，WPS 演示内置的表格样式更美观、可选数量更多，如图 9-19 所示。

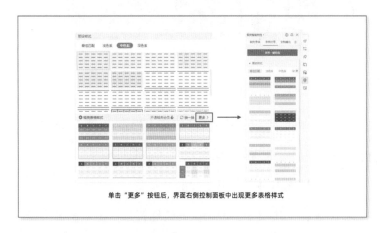

图 9-19　WPS 演示依托 AI 技术拥有更多表格样式

第二点是 WPS 演示的特色，依托 AI 技术，内置更多表格样式，可以说是无穷无尽的。了解这些不同后，大家可以举一反三，自行按照以上步骤尝试在 WPS 演示中做同类操作。

9.2 加几根"棍子"，就能让数据更清晰？

本节标题中的"棍子"，指的是柱形图中的"柱"。柱形图是常见的图表类型之一，其作用主要是直观展示各数据的大小和相互间的对比。合理美化柱形图，能够高效率地提高 PPT 的美观程度。

我们依然代入实例进行讲解，请大家观察如图 9-20 所示的柱形图。

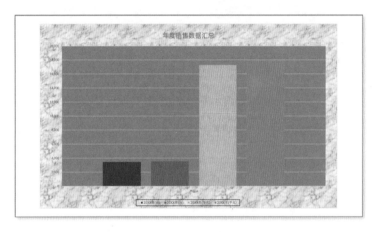

图 9-20　柱形图实例

这是一位没有学过图表美化方法的职场人根据自己的"感觉"，用程序内置功能做出来的柱形图，存在很多问题，列举如下。

问题一：颜色搭配不协调，视觉冲击力太强。

问题二：图表背景使用了类似纸张的纹理背景，整体风格不统一。

问题三：数据模糊，只能看到大概的数据范围，不知具体数据。

问题四：很难看出该图表想突出的重点内容是什么。

其实，制作职场图表 PPT，是有一定"套路"可循的，这个"套路"，可以用如图 9-21 所示的 4 个词进行归纳。

图 9-21　制作职场图表 PPT 的"套路"

用如图 9-21 所示的标准来评判，图 9-20 中的图表几乎可以说是一个完全无法使用的图表。

那么，怎么修改呢？我们一步步分析。

9.2.1　弃用无效装饰（以在 PowerPoint 中操作为例）

大家应该都有感觉，原图表的装饰过于繁杂。为了精简，我们弃用所有无效装饰，只留下真正有用的数据。

选择图表后，切换至"图表设计"选项卡，单击"图表样式"区域右下角的下拉箭头，选择二级菜单中的第 1 行第 1 个样式，如图 9-22 所示，即可得到如图 9-23 所示的简化版柱形图。

图 9-22　取消所有已有的图表装饰

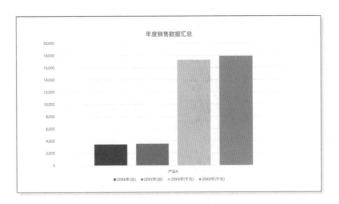

图 9-23　简化版柱形图

　　看起来是不是比原图表明了、清晰了许多？先化繁为简，再有重点地加以美化，是提高工作效率的有效方法。

9.2.2　清晰显示数字（以在 PowerPoint 中操作为例）

　　面对化繁为简后的图表，先单击图表内任意位置，选择图表；再单击出现在图表右上角的快捷按钮列表中的第 1 个按钮，取消勾选"坐标轴"对应的复选框，同时勾选"数据标签"对应的复选框，则图表会发生如图 9-24 所示的变化——表中柱形上出现了具体数值。

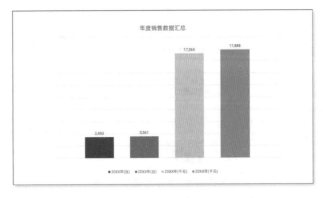

图 9-24　取消坐标轴，增加对应每一列的具体数据，使图表看起来更加简洁

让数据与对应柱子离得更近，展示 PPT 时更加直观，这是在制作图表
PPT 时需要格外注意的。

9.2.3 美化图表元素（以在 PowerPoint 中操作为例）

接下来，我们就要着手美化图表元素了。根据制作者审美的不同，美化
效果各有特色，但整体美化逻辑和美化操作是类似的。

选择柱形图中的任意一个柱子，在其上右击鼠标，在弹出的快捷菜单中
选择"设置数据系列格式"命令，即可为所选择的柱子设置颜色，效果如
图 9-25 所示。

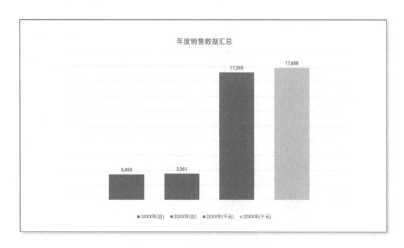

图 9-25　设置单独柱子的颜色

完成设置后，大家会立刻意识到，在该 PPT 页面中，我要强调的是第 4
根柱子及其数据。

实色柱子看起来比较"硬"，不够美观，于是，我决定加些额外效果，
比如，渐变效果，如图 9-26 所示。

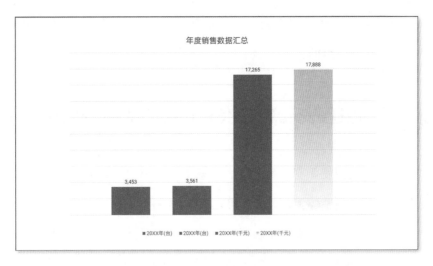

图 9-26　添加渐变效果

依次为其余 3 根柱子添加同样的渐变效果,如图 9-27 所示。

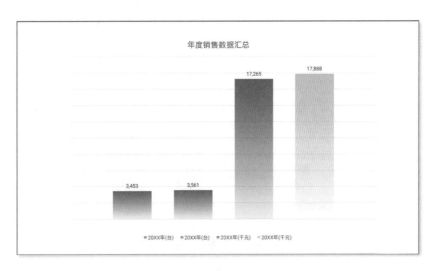

图 9-27　全部添加渐变效果

　　制作到这种程度,图表已经可以称得上"漂亮"了,但整体页面依然以白色为主。为了让呈现效果更好,我们可以为页面添加一张背景图,给背景图添加半透明渐变蒙版,并微调图表中各元素的颜色,使最终效果如图 9-28 所示。

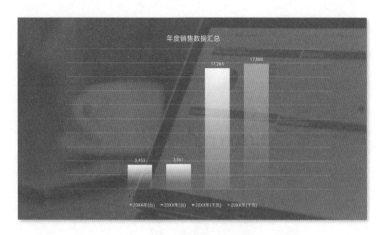

图 9-28　进一步美化图表

这样的图表，是不是比如图 9-20 所示的柱形图美观多了？而且制作时并不需要制作者花费大量的时间与精力。

9.2.4　制作个性效果（以在 PowerPoint 中操作为例）

如图 9-28 所示的柱形图，是一个美观但中规中矩的柱形图，如果想更"个性"一点，我们可以为柱形图添加更吸引眼球的效果，如图 9-29 所示。

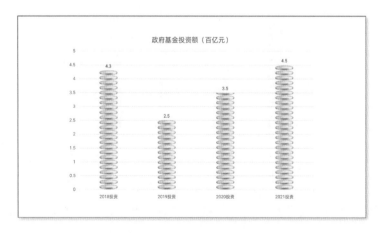

图 9-29　吸引眼球的效果

这个效果是怎么添加的？如何用堆叠的金币替换原图中的圆柱体？操作方法特别简单。

打开图表素材，并插入金币图片，如图 9-30 所示。

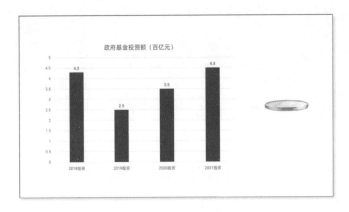

图 9-30　打开图表素材，并插入金币图片

选择金币图片，按"Ctrl+C"快捷键完成复制后，单击任意一根柱子。请注意，单击任意一根柱子后，所有柱子会同时进入被选择状态，如图 9-31 所示。

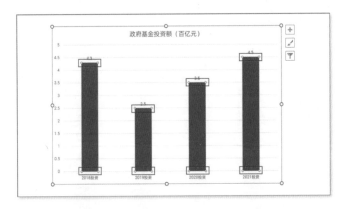

图 9-31　单击任意一根柱子，所有柱子会同时进入被选择状态

怎么办？如果想单独为某一根柱子添加效果，必须再次单击目标柱子。这个操作有些特殊，需要大家特别记忆。

如果不进行再次单击目标柱子的操作，在所有柱子都被选择的状态下按"Ctrl+V"快捷键进行粘贴，4 根柱子会如图 9-32 所示——金币图片被拉长至非常奇怪的比例。

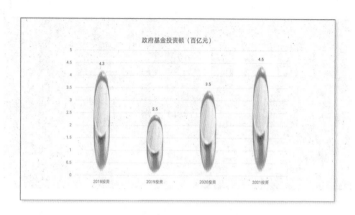

图 9-32　直接为 4 根柱子粘贴金币图片

这样的效果肯定不满足"美观"的要求，因此，我们需要进行进一步处理。

选择金币图片，右击鼠标，在弹出的快捷菜单中选择"设置数据系列格式"命令，程序窗口右侧会弹出【设置数据系列格式】控制面板，该控制面板的默认状态为出现第 3 个图标下的设置选项，如图 9-33 中的左侧图所示。单击第 1 个图标，进入对应的设置区域后，控制面板的状态如图 9-33 中的右侧图所示，单击"层叠"单选按钮，即可为图表添加如图 9-29 所示的效果。

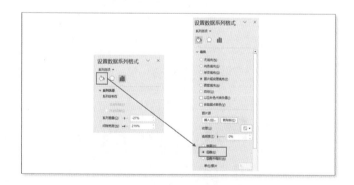

图 9-33　【设置数据系列格式】控制面板

以上是以图片为层叠对象的实例，可以改变默认状态下柱形图中柱子的形态。除此之外，插入箭头、三角形、圆角矩形等形状，可以更改柱形图的原始形状，做出很漂亮的效果，如图 9-34 所示。

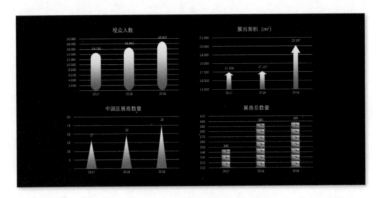

图 9-34　用形状做效果

9.2.5　在 WPS 演示中快速美化柱形图

在 WPS 演示中，对已有装饰的柱形图进行化繁为简的操作与在 PowerPoint 中完成该操作类似：选择图表后，切换至"图表工具"选项卡，单击图表样式组右侧的下拉箭头，选择第 1 个样式，如图 9-35 所示。

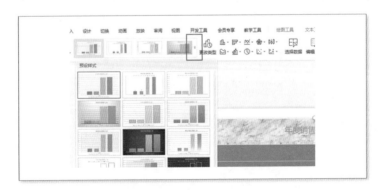

图 9-35　WPS 演示中的图表样式

完成以上操作后，图表效果如图 9-36 所示。

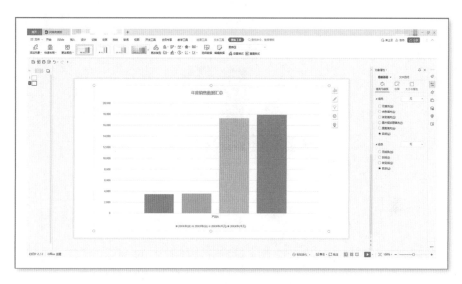

图 9-36 化繁为简后的效果

将柱形图化繁为简后，更改柱子颜色，如图 9-37 所示。

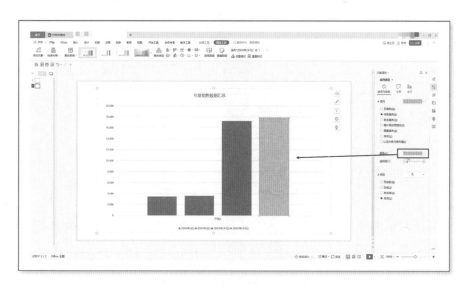

图 9-37 更改柱子颜色

如果想将柱子颜色更改为渐变色，设置方法如图 9-38 所示。

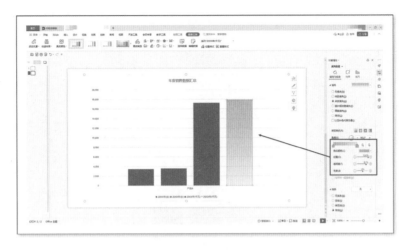

图 9-38　更改柱子颜色为渐变色

对是否显示数据标签进行设置，设置方法如图 9-39 所示。

图 9-39　设置数据标签

接下来讲制作如图 9-29 所示的特殊效果的方法，在 WPS 演示中进行相关操作与在 PowerPoint 中进行相关操作有一定的区别，接下来重点介绍。

在 PowerPoint 中，选择金币图片后复制，单击柱子，使其处于被选择状态后直接按"Ctrl+V"快捷键进行粘贴并微调即可。同样的方法，在 WPS 演示中进行操作是没有任何效果的，在 WPS 演示中，必须逐步设置柱子的填充方式。

在 WPS 演示中制作如图 9-29 所示的效果，具体步骤如图 9-40 所示。

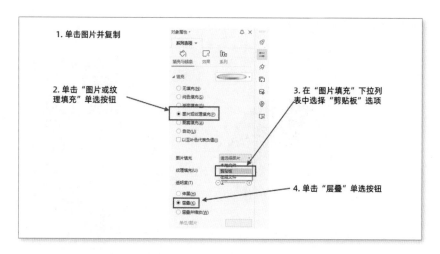

图 9-40　在 WPS 演示中制作特殊效果的具体步骤

第一步：单击金币图片，按"Ctrl+V"快捷键进行复制。

第二步：单击柱形图后，在【对象属性】面板的"填充与线条"选项卡中单击"图片或纹理填充"单选按钮。

第三步：在"图片填充"下拉列表中，选择"剪切板"选项。

第四步：单击"层叠"单选按钮。

至此，即可完成对如图 9-29 所示的效果的制作。

 9.3　美化饼图的技巧

饼图，主要用于显示各个部分所占的百分比。饼图的美化操作相对简单，以更改颜色为主。

9.3.1　在 PowerPoint 中美化饼图

我们来看一个实例，如图 9-41 所示。

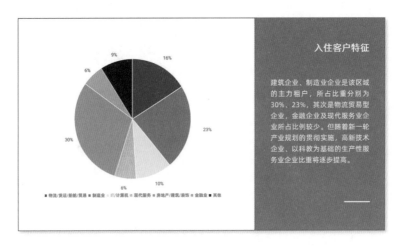

图 9-41　饼图实例

如果需要更改图 9-41 中饼图的颜色，选择饼图后，先切换至"图表设计"选项卡，单击"更改颜色"按钮的下拉箭头，再在弹出的二级菜单中选择合适的颜色搭配方案即可，如图 9-42 所示。

图 9-42　更改饼图颜色

在图 9-42 中可以看到，系统内置的颜色搭配方案分为"彩色"和"单色"两个部分。选择任意一个彩色搭配方案，效果如图 9-43 所示。

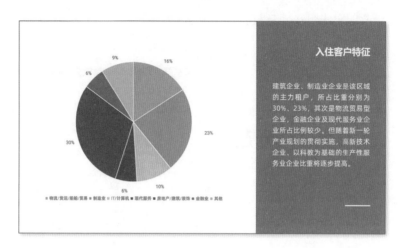

图 9-43　彩色搭配方案之一

再来看看选择单色搭配方案的效果，如图 9-44 所示。

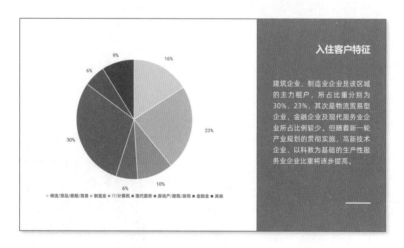

图 9-44　单色搭配方案之一

整体而言，程序内置的颜色搭配方案是比较合理、美观的。

除了更改颜色搭配方案，美化饼图还有一个思路可供选择，即更改图表类型。所谓"更改图表类型"，不是说把饼图改为柱形图、散点图，或者其他类型的图表，是在"饼图"类别内进行更改。

选择图表后，切换至"图表设计"选项卡，单击"更改图表类型"按钮，弹出【更改图表类型】对话框，如图 9-45 所示。

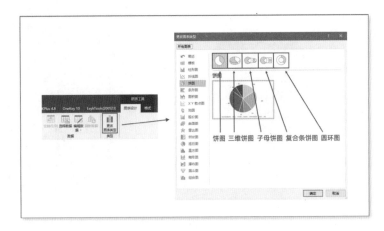

图 9-45   【更改图表类型】对话框

在图 9-45 中可以看到，【更改图表类型】对话框中有很多图表类型。在切换至"饼图"选项卡的情况下，对话框右侧会出现很多饼图子类型，如"三维饼图""子母饼图""复合条饼图""圆环图"。

单击"圆环图"按钮，原饼图会变为如图 9-46 所示的圆环图。

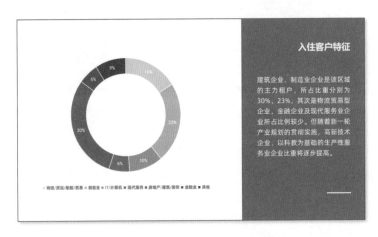

图 9-46   "圆环图"效果

看起来，似乎比原饼图更加精细、好看。

不过，圆环图中间是空白的，感觉有点空，可以继续美化。尝试使用 7.2 节介绍的"纵横比"命令，裁剪一张正圆形的图片放在圆环图中间，可以得到如图 9-47 所示的效果。

图 9-47　在圆环图中间添加图片

以上操作都是在 PowerPoint 中完成的，下面，我们看看在 WPS 演示中如何操作。

9.3.2　在 WPS 演示中美化饼图

在 WPS 演示中美化饼图的操作逻辑和操作方法与在 PowerPoint 中完成类似操作的逻辑和方法基本一致，更改饼图的颜色搭配方案时，选择饼图后，如图 9-48 所示，先切换至"图表设计"选项卡，单击"更改颜色"按钮的下拉箭头，再在弹出的二级菜单中选择合适的颜色搭配方案即可。

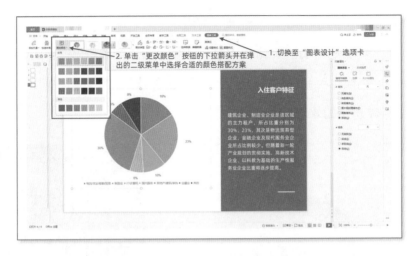

图 9-48　在 WPS 演示中更改饼图的颜色搭配方案

　　与 PowerPoint 不同的是，WPS 演示中的"设计"选项卡中，还有一个"配色方案"按钮，如图 9-49 所示，也可用于更改饼图的颜色搭配方案。

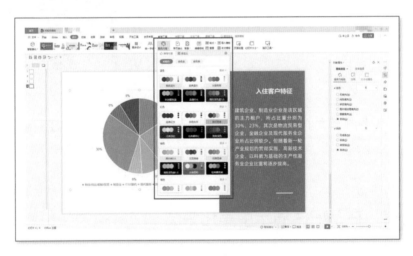

图 9-49　单击"配色方案"按钮

　　单击"配色方案"按钮的下拉箭头，弹出的二级菜单中的配色方案是 WPS 演示依托强大的 AI 功能搜集来的，数量上可以说是"无穷无尽"，给 PPT 制作者提供了极大的创作空间，能够做出更为丰富的美化效果。

需要特别注意一点，用户在如图 9-49 所示的界面中更改配色方案后，如图 9-48 所示的"更改颜色"二级菜单中的颜色搭配方案会随之改变。

下面再来看看在 WPS 演示中更改图表类型的操作方法。

如图 9-50 所示，切换至【图表工具】选项卡，单击"更改类型"按钮后，在弹出的【更改图表类型】窗格中选择目标图表类型即可。

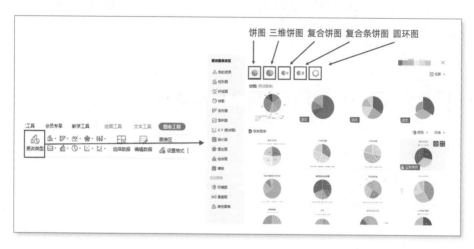

图 9-50　在 WPS 演示中更改图表类型

对比图 9-45 和图 9-50，我们可以发现，WPS 演示中的"更改类型"按钮和 PowerPoint 中的"更改图表类型"按钮所处的位置差不多，但是单击后弹出的窗格 / 对话框大不相同。

首先是子类型的名字不同，在 WPS 演示的【更改图表类型】窗格中，第 3 个子类型名为"复合饼图"，在 PowerPoint 的【更改图表类型】对话框中，同一个子类型名为"子母饼图"（参看图 9-45）。

其次是可选样式的数量不同，WPS 演示中的可选样式更多，而且有"稻壳图表"依托强大的 AI 技术为用户提供各种联网样式，可选项是海量的。

由此可见，善用 WPS 演示，对于追求个性的 PPT 制作者来说，发挥余地更大。

9.4 锐利的线条，如何变柔和？

拥有"锐利线条"的图表是"折线图"，该类型图表一般用于展示数据在一段时间内的变动趋势。折线图的美化操作并不复杂，我们依托实例进行说明。

9.4.1 在 PowerPoint 中美化折线图

观察如图 9-51 所示的折线图。

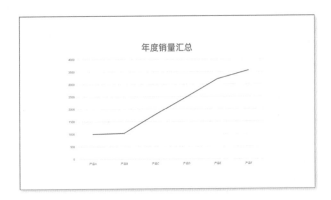

图 9-51 常见的折线图

如图 9-51 所示的折线图存在哪些问题呢？至少包括以下 3 点。

问题一：折线图中出现了比较尖利的转折，看上去很生硬（变化趋势更为明显的折线图，甚至会呈现心电图式的剧烈转折）。

问题二：能看出整体趋势是向上的，但看不出每个转折点的具体数据。

问题三：没有强调和突出，看不出哪个数据最重要。

针对这 3 个问题，我们着手美化图 9-51 中的折线图。

　　问题一是线条转折比较尖利，需要进行柔和处理，在 PPT 中，这种操作叫作"平滑化"。

　　首先，选择折线图中的线条，右击鼠标，在弹出的快捷菜单中选择"设置数据系列格式"命令，唤出【设置数据系列格式】窗格。然后，在【设置数据系列格式】窗格中单击"油漆桶"图标，切换子面板。最后，单击"线条"图标，勾选"平滑线"对应的复选框，如图 9-52 所示。

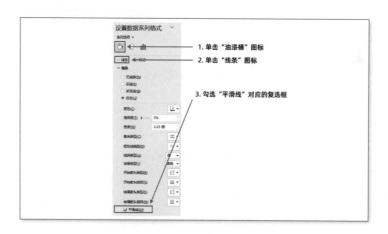

图 9-52　"平滑化"设置

设置完成后，折线图效果如图 9-53 所示。

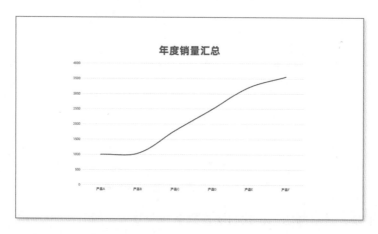

图 9-53　设置"平滑化"后的效果

单击图表，图表右上角会弹出 3 个设置项。单击第 1 个设置项，即"图表元素"按钮，可以添加数据标签，如图 9-54 所示。

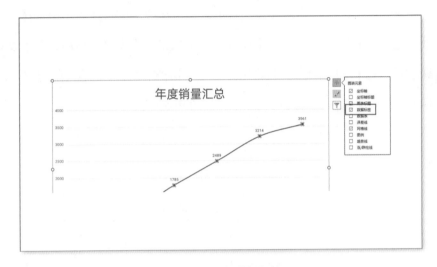

图 9-54　添加数据标签

设置完成后，折线图效果如图 9-55 所示。

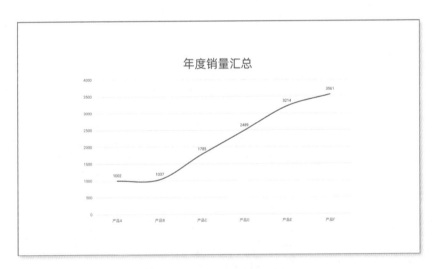

图 9-55　添加数据标签后的效果

接下来，针对问题三，我们设置数据强调效果，如图 9-56 所示。

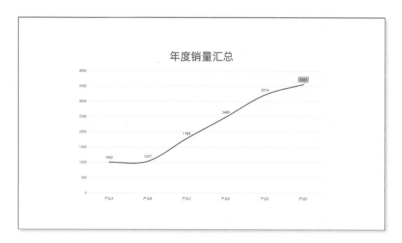

图 9-56　数据强调效果

首先，在图中添加形状，如"对话气泡：圆角矩形"形状，如图 9-57 所示。

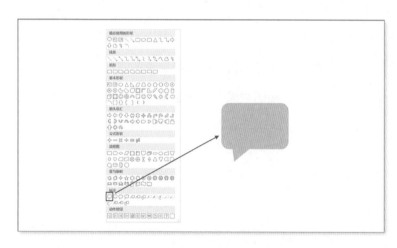

图 9-57　添加"对话气泡：圆角矩形"形状

然后，将形状的展示层级设置为页面中的最后一层，并移动到合适的位置，即可完成对如图 9-56 所示的数据强调效果的设置。

解决了问题一和问题三，接下来，我们看问题二如何解决，即如何解决看不出每个转折点的具体数据的问题。

为数据添加数据标记的步骤如图 9-58 所示。

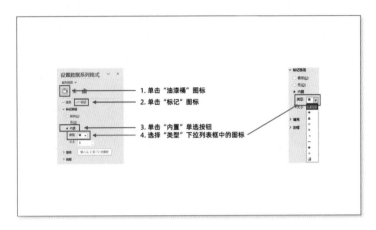

图 9-58　添加数据标记

第一步：在【设置数据系列格式】窗格中单击"油漆桶"图标，切换子面板。

第二步：单击"标记"图标。

第三步：单击"标记选项"中"内置"对应的单选按钮。

第四步：在"类型"下拉列表框中选择满意的图标。

完成以上操作后，折线图中即可出现数据标记，效果如图 9-59 所示。

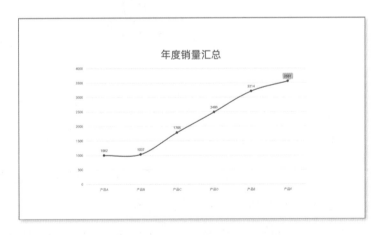

图 9-59　添加数据标记后的效果

　　以上操作都是在 PowerPoint 中完成的，下面，我们看看在 WPS 演示中如

何操作。

9.4.2 在 WPS 演示中美化折线图

在 WPS 演示中美化折线图，第一步同样是设置"平滑化"，操作步骤如图 9-60 所示。

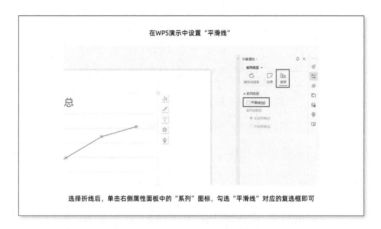

图 9-60　在 WPS 演示中设置"平滑化"的步骤

第二步，为数据添加数据标签，操作步骤如图 9-61 所示。

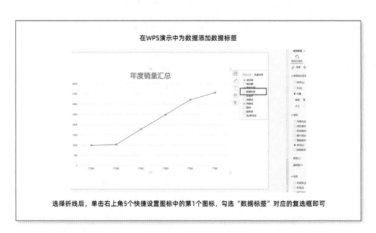

图 9-61　在 WPS 演示中为数据添加数据标签

第三步，设置数据标记，操作步骤如图 9-62 所示。

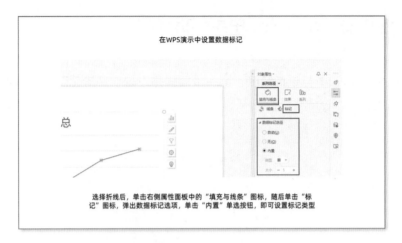

图 9-62　在 WPS 演示中设置数据标记

　　至于如何使用黄色形状强调目标数据，和在 PowerPoint 中完成相关设置的操作完全一致，此处不再赘述，读者可自行尝试。

　　如图 9-59 所示的效果是将折线图美化到 85 分的效果，如果想更具特色，PPT 制作者还可以为图表添加更多效果，比如添加背景图、设置底层纹理装饰等，最终效果如何，完全取决于制作者的想法和脑洞。

　　常见的图表美化思路和方法就给大家介绍到这里，真正实操后，才能更好地熟练应用哦。

第十章

表格 +PPT=？

本书第一章，我们讲了文字稿（Word 和 WPS 文字）与 PPT 的联动，随后几章，全面地介绍了图文排版的技巧与思路，并在第九章中介绍了将图表插入 PPT 并简单美化的方法。其实，除了直接在 PPT 中制作与美化图表，表格文件（Excel 和 WPS 表格）也能像文字稿一样直接与 PPT 联动。本章，我们就来了解一下表格与 PPT 联动能产生怎样的"化学反应"。

为什么要联动表格与 PPT？

工作中，不管身处哪个岗位，都有很多工作内容需要向上汇报。比如，做研发工作，需要汇报项目开发进度、前端架构设计思路、业务数据仓开发与优化程度、代码测试情况等；做产品工作，需要汇报产品规划、目标市场、核心用户画像等；做销售工作，需要汇报销售数量、入账金额、应收账款、毛利率等；做市场工作，需要汇报广告投放数量与效果、营销企划执行情况、品牌拓展情况、商务拓展情况、公共关系现状等……

这么多内容、数据，汇报时都要放入 PPT 页面中，你会怎样处理？相当一部分人会选择如图 10-1 所示的 3 种方法之一。

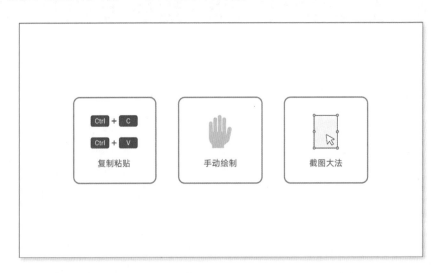

图 10-1　常用的在 PPT 中添加内容的方法

使用这 3 种方法，确实能够把所有内容都添加进 PPT 中，但是它们都有难以规避的缺陷，如图 10-2 所示。

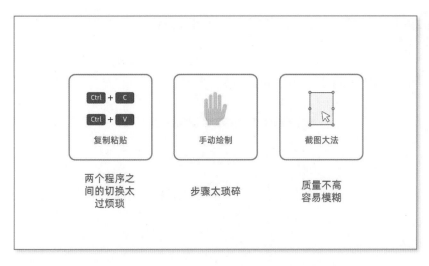

图 10-2　常用的在 PPT 中添加内容的方法对应的缺点

更可怕的是，用这些方法将内容添加入 PPT 中之后，如果原始数据发生了变化，用户需要逐一核对、修改，不仅耗时、费力，还容易出错。

想解决这些问题，我们可以尝试使用程序自带的功能："表格联动"。

使用"表格联动"功能，即先在 Excel 或 WPS 表格中制作原始表格，再将表格拷贝到 PPT 中，并将表格原始数据和 PPT 相关联。这样，表格中的原始数据发生变化时，PPT 中的数据能够同步变化，简单、便捷，且不易出错。

 # 10.2 表格与 PPT 如何联动？

根据所选程序的不同，两个表格制作程序与两个 PPT 制作程序可以分别对应，即微软旗下的表格制作程序 Excel 与 PPT 制作程序 PowerPoint 对应，金山旗下的表格制作程序 WPS 表格与 PPT 制作程序 WPS 演示对应。下面，分别介绍这两对联动。

10.2.1 联动 Excel 与 PowerPoint

制作如图 10-3 所示的 Excel 表格。

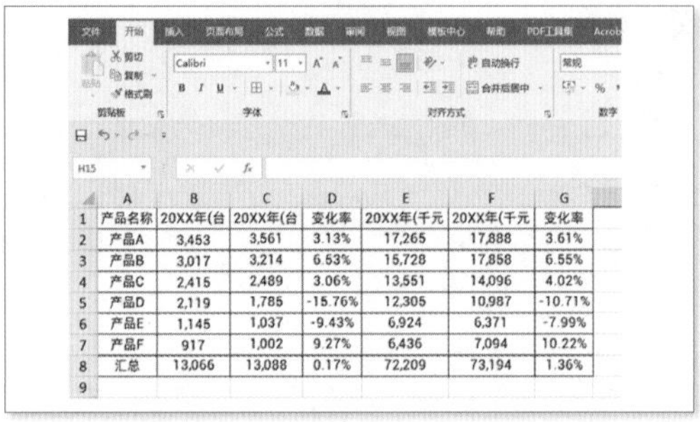

图 10-3　原始 Excel 表格

在 Excel 中选择表格内容，按"Ctrl+C"快捷键复制后，打开 PowerPoint，切换至"开始"选项卡，单击"粘贴"按钮的下拉箭头，在弹出的二级菜单中选择"选择性粘贴"命令，如图 10-4 的左侧图所示，唤出【选择性粘贴】对话框。

在【选择性粘贴】对话框中，先单击"粘贴链接"单选按钮，再在右侧的"作为"列表框中选择"Microsoft Excel 工作表 对象"选项，如图 10-4 的右侧图所示，即可将 Excel 中的原始数据与 PowerPoint 页面中的表格相关联。

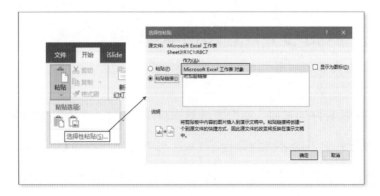

图 10-4　将 Excel 中的原始数据与 PowerPoint 页面中的表格相关联

完成操作后，PowerPoint 页面效果如图 10-5 所示。

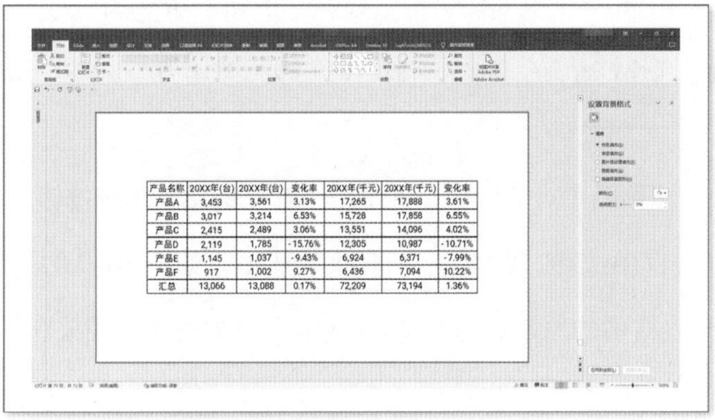

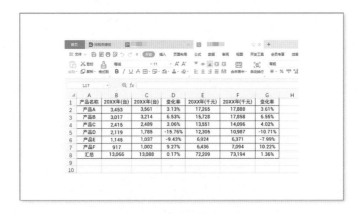

图 10-5　PowerPoint 页面效果

如此操作后，在 Excel 中更改原始数据时，PowerPoint 页面中的数据会随之更新，从而实现数据在两个程序间的联动。反之，在 PowerPoint 页面中更改数据时，Excel 中的原始数据也会随之变化。

10.2.2　联动 WPS 表格与 WPS 演示

在 WPS 表格中制作原始表格，如图 10-6 所示。

图 10-6　原始 WPS 表格

在 WPS 表格中选择表格内容，按"Ctrl+C"快捷键复制后，打开 WPS 演示，切换至"开始"选项卡，单击"粘贴"按钮的下拉箭头，在弹出的二级菜单中选择"选择性粘贴"命令，如图 10-7 的左侧图所示，唤出【选择性粘贴】对话框。

在【选择性粘贴】对话框中，先单击"粘贴链接"单选按钮，再在右侧的"作为"列表框中选择"WPS 表格 对象"选项，如图 10-7 的右侧图所示，即可将 WPS 表格中的原始数据与 WPS 演示页面中的表格相关联。

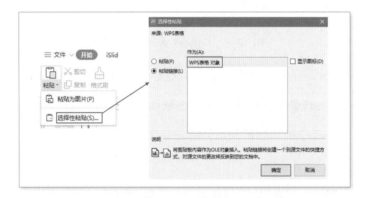

图 10-7　将 WPS 表格中的原始数据与 WPS 演示页面中的表格相关联

完成操作后，WPS 演示页面效果如图 10-8 所示。

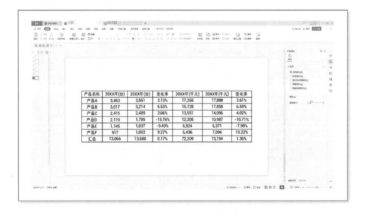

图 10-8　WPS 演示页面效果

和联动 Excel 与 PowerPoint 时的效果相同的是，在 WPS 表格中更改原始数据时，WPS 演示页面中的数据也会随之更新，从而实现数据在两个程序间的联动。反之，在 WPS 演示页面中更改数据时，WPS 表格中的原始数据也会随之变化。

两个程序间的联动是支持表格程序中的部分高级功能的。例如，在表格程序中对数据进行筛选、排序等操作后，"选择性粘贴"到 PPT 页面中，更改筛选、排序状态时，该高级状态同样可以被联动。

 ## 10.3 联动过程中容易出现的问题及解决方法

联动过程中，程序可能会不定时弹出错误提示，如图 10-9 所示。

图 10-9 错误提示

弹出错误提示的原因只有一个：表格文件和 PPT 文件的相对存储位置有所更改，即和第一次制作完毕时存储的位置不同。

进行"选择性粘贴"，把表格内容作为"链接"粘贴在 PPT 页面中之后，程序会记录两个文件的"相对"存储位置关系。如果初始的位置关系有变化，那么再次打开 PPT 文件时，就会弹出错误提示。

例如，首次存储时把表格文件和 PPT 文件存储在同一个文件夹中，如图 10–10 所示。

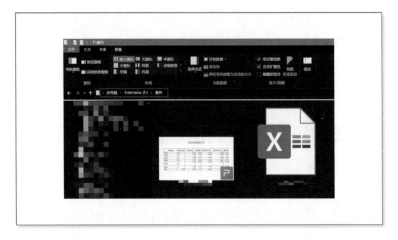

图 10-10　将两个文件存储在同一个文件夹中

如果把两个文件中的任意一个文件剪切并移动到其他文件夹中，即"F:\课件"这个文件夹中只留一个文件，再次打开 PPT 文件时就会弹出错误提示。

但是，如果先将表格文件和 PPT 文件一起剪切并移动到其他文件夹中，再打开 PPT 文件，是不会弹出错误提示的，因为两个文件之间的"相对"位置关系没有变化。

所以，联动表格文件与 PPT 文件之后，请务必保持两个文件始终存储在同一个文件夹中。